高等教育艺术设计精编教材

包装设计

山峰　主编

U0321462

清华大学出版社

北　京

内 容 简 介

　　本书将包装设计划分为包装的视觉设计原理、包装设计的品牌塑造、包装设计的陈列展示三个分支进行研究,主要阐述结构造型、视觉元素、品牌信息在包装设计中的设计方法和创意表现,即如何在包装设计的过程中凸显品牌的价值、传递品牌的文化、增强商业环境下的展示效果;在综合设计学、工程学、心理学、营销学、传播学等多种学科的基础上,着重体现包装设计的理论性与实践性、专业性与实用性相结合的学科特质。

　　本书适合本科和高职高专艺术设计相关专业的学生学习,也适合作为平面设计师的参考书。

图书在版编目(CIP)数据

包装设计/山峰主编. --北京:清华大学出版社,2014(2019.9 重印)
高等教育艺术设计精编教材
ISBN 978-7-302-34647-0

Ⅰ. ①包…　Ⅱ. ①山…　Ⅲ. ①包装设计－高等学校－教材　Ⅳ. ①TB482

中国版本图书馆 CIP 数据核字(2013)第 290815 号

责任编辑:张龙卿
封面设计:山　峰　徐日强
责任校对:刘　静
责任印制:李红英

出版发行:清华大学出版社
　　　　　网　　　址:http://www.tup.com.cn,http://www.wqbook.com
　　　　　地　　　址:北京清华大学学研大厦 A 座　　　　　　　　邮　　编:100084
　　　　　社 总 机:010-62770175　　　　　　　　　　　　　　　邮　　购:010-62786544
　　　　　投稿与读者服务:010-62776969,c-service@tup.tsinghua.edu.cn
　　　　　质量反馈:010-62772015,zhiliang@tup.tsinghua.edu.cn
印 装 者:涿州汇美亿浓印刷有限公司
经　　销:全国新华书店
开　　本:210mm×285mm　　　　　印　　张:5.75　　　　　　　字　　数:161 千字
版　　次:2014 年 5 月第 1 版　　　　　　　　　　　　　　　　　印　　次:2019 年 9 月第 3 次印刷
定　　价:39.00 元

产品编号:051363-01

前　言

　　我们总是习惯于一开课先向学生们解释什么是包装设计,但却发现似乎越来越难用一句话来作简单的概括。包装在远古时代是包裹物品的材料,在工业时代是承载内容物的容器,在商业社会又成了企业产品的展示窗口,未来更是智能科技的象征,不同的历史时期赋予了包装不同的内涵、风格迥异的结构形态和绚烂多彩的视觉表现,正是这种捉摸不定造就了包装设计的无限可能,还有什么比这更能让设计师们为之兴奋的?

　　包装设计与其他视觉设计相比,不同的是对学习者的综合能力也提出了更高的要求。在商业环境日趋复杂的今天,包装俨然已经成为介于设计美学与市场销售之间的纽带,包装的工艺成本、视觉信息、品牌传播、陈列效果、物流运输等都将纳入项目开发的整个流程,不论是项目总监还是包装设计师都需要具有敏锐的市场意识,并懂得如何与包装相关的专业人士紧密合作。因此,包装设计是一门综合性、交叉性较强的学科,即融合产品造型设计、视觉信息设计、品牌营销、广告与展示等多门学科。

　　包装设计与其他视觉设计相比,相同的是设计理念都来自于人们的生活。包装已经如同手机一样,成为人们生活中不可或缺的产品,我们现在已很难想象,如果便当没有饭盒,零食没有密封袋,网购没有包装盒,我们的生活会变成什么样。"设计来源于生活",这是所有从事设计的学习者都熟知的一句话,虽然表达简单,但背后却蕴含着深刻的寓意,需要学习者在不断的实践中慢慢领悟。我们能做到的是,在开展任何一项包装设计项目时,不只是埋头于视觉元素的创意表现,而是适时地抬起头来扩展一下我们的视角,多与客户做细致的交流,了解产品的特点与定位;认真且耐心地观察卖场环境与消费者的购买行为,从中捕捉设计灵感;设计提案不再孤芳自赏而是充分听取团队成员的意见。这些都能快速而有效地帮助学习者积累更多的实战经验。

　　回顾学院开设包装设计课程至今已有十余年,培养了近千名本科生,设计出了许多优秀作品,但由于篇幅有限,本书只能纳入近年来的学生作品,在此感谢学生们在课程学习中所付出的努力,为本书提供了大量优质的教学案例。其次要感谢的是交通大学顾惠忠教授和席涛教授,两位知名学者严谨的治学态度和深厚的教学经验,为我的课程教学提供了莫大的支持与帮助。同样要感谢包装行业的泰斗刘维亚老师,在我延续课堂教学,开展"包装设计在线课程"(http://jpkc.onlinesjtu.com/bzsj)建设的过程中给予了高度评价。希望各位读者在阅览本书的同时,也能登录以上网址浏览我们为大家提供的丰富的辅助教学资源,这对包装设计的学习者或从业人员都是颇有价值的参考。

　　谨以此书献给我的老师、学生、家人和朋友,再次感谢大家一直以来的陪伴。

山　峰

2014 年 1 月

目　录

第 3 章 包装设计的材料与结构

第 4 章 包装的信息视觉设计

第 7 章　包装设计的可持续发展与行业规范

参考文献

第 1 章
包装设计的由来

包装设计从何而来？追根溯源，我们会发现包装与人类社会的兴起休戚相关，社会的经济、文化、科技的进步为包装设计创造了无限的可能。人类文明的诞生源于生活方式的转变，人们不再需要频繁地游牧迁移，开始体验到定居生活所带来的益处。长期的定居生活为人们提供了言语交流的机会，集聚并激发了创造新事物的智慧，逐步形成了以物物交换、货品仓储与运输为主要模式的商业环境，这些都促使了包装从功能、材料、设计、生产与贸易等方面不断地演变发展，在如今的商业社会中更是扮演着越来越重要的角色，成为人们生活中不可或缺的设计产物。

在进入包装设计领域之前，我们应该充分了解包装的发展历程，以及与社会形态、技术发明、市场贸易、消费观念等各类要素之间的相互关系，并掌握行业未来的发展动态。

- 早期包装如何通过选材与加工实现其功能性？
- 印刷技术的出现对包装的视觉信息设计产生了哪些影响？
- 包装材料的推陈出新促使包装容器发生了哪些变化？
- 品牌理念在包装设计中的应用经历了怎样的发展阶段？
- 商业化包装应该如何体现视觉营销的市场价值？
- 如何理解包装设计的未来之路？

1.1 早期包装的功能至上

汉语是世界范围至今仍然被使用的象形、会意和仿音相结合的文字体系，其最微妙之处在于人们可以在拆解象形文字的过程中解读其中的含义。在古汉语中，"包装"可以分解成两个字，其中"包"是一个会意字，本义为裹，从小篆的字形来看，其原意应为保护成形婴儿的胎胞。"装"字则表示用衣物来遮蔽身体，两个字合在一起，便形成了包装的最初含义，即包裹物体的保护材料，由此可见，功能至上是早期包装得以存在的首要因素（图1-1）。

🔀 图1-1 古汉语"包装"的解读

人类在发展和进化的漫长历史中，始终都离不开从自然中汲取养分和智慧，我国最早的包装记载见于《诗经·召南·野有死麕》，"野有死麕，白茅包之"，意为用白茅草包裹猎物。远古时期的人们非常善于就地取材，在长期的群居生活和辛勤劳作中，将竹、木等植物的茎叶，动物的皮、角等天然材料，借助简单的加工来储存生活必需品；将葫芦、竹筒或椰子壳改造之后作为盛放液体的容器；将竹、草、藤等自然材料编织成篓和筐，用来包裹、固定物品等。利用自然物作为包装材料，不仅形成了原始的包装形态，其中有一部分也已成为保留至今的风俗习惯，例如用荷叶包装食品、用蛤蜊包装润肤油、用箬叶包裹端午节的粽子等，无不承载了深厚的地域文化（图1-2）。

⬆ 图1-2　传统食品的棕叶包装

　　随着人们逐渐适应稳定的定居生活，对于劳作工具、货品存储和生活器物的需求也变得更为迫切。陶质容器的出现，可谓是古代包装史上的巨大进步，它是最古老的人造包装容器，与直接利用竹木等自然物做材料的包装容器相比，陶器通过人们的加工制作，改变了原料的自然属性，从而获得的多种特质，如较强的耐用性、防腐性、防虫性和可塑性等，但不可否认的是，陶器仍然具有较强的吸水性、易破碎、不宜携带等缺点，于是，金属冶炼技术、制瓷和玻璃技术出现了，容器的种类也变得丰富。有了这些能够承载货品的容器，物品不仅在邻里间被共享和交换，而且由商人从一个村庄运送至另一个村庄，甚至更远的地方，早期社会的商业模式也因此被确立起来（图1-3）。

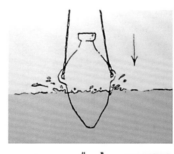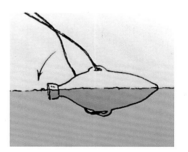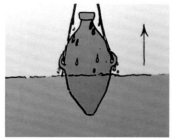

⬆ 图1-3　陶制尖底瓶的使用原图（西安历史博物馆收藏）

从以上这些原始器物中我们不难发现，无论是自然取材还是加工锻造，古代包装始终以追求产品的功能为基础，以满足人们盛放食物、运输水源、烹煮食材、包裹货品等使用需求为核心，包装功能至上的特点在这一特定历史时期显得尤为突出。

1.2　工业化时代的技术创新

古代苏美尔人的锲形文字，埃及的象形文字，中国人的象形、会意和仿音结合的文字体系，被公认为人类社会出现最早的象形文字。具有符号象征意义的象形文字标志着中国文明的开始，人们利用图画文字进行彼此之间的无语音交流，借助陶符和陶文作为图腾开展各类宗教活动（图1-4），通过金文、玉文和石文等载体记录历史事件，这些语言符号在之后两千多年的进化过程中逐步成为现代视觉设计的基础。

🔁 图1-4　仰韶文化时期的陶符（西安历史博物馆收藏）

除了文字符号的演变，书写文字的载体也在不断变化。公元105年，以树皮、麻头、破布和旧渔网为造纸原料，中国诞生了世界上最早的纸张，因其制作工艺简便、成本低廉而取代了成本高昂的绢、锦等包装材料。西汉时期，人们不仅将文字书写在纸张上，还把它用于壁纸、卫生纸、食物和物品的包裹材料，《汉书·赵皇后传》就曾描写用纸张包裹中药的场景，这一习惯被沿用至今。此后的1500年间，纸张的生产工艺相继传入中东、欧洲和美国，很快就诞生了各类形式多样又风格迥异的纸品设计。

在造纸术发明之后，手工书写保持了相当长的时间，后期才逐步被印刷技术所替代。从中国隋唐时期的木质雕版印刷，到北宋时期的活字印刷，以及公元1200年欧洲的马口铁印版技术，随着印刷技术的不断提升，使生产商能够在短时间内完成大量的印刷复制，大大降低了印刷成本，自此，印刷行业在中国、欧洲真正确立起来。视觉传达设计的图文组合形式、版式布局、插图装饰，以及在商品包装上的应用也都纷纷得到发展，人们开始习惯于通过包装上的图像画面从视觉上将各类物品进行区分和选择。

19世纪初期，包装的材料技术紧跟时代步伐不断革新，从原本单一的纸张延伸出纸箱纸板、玻璃、塑料、金属和各类复合材料，结合不同产品对包装的个性化要求，创造出管、瓶、罐、袋、盒、箱等不同形态的

包装容器。

- 1798 年，法国的尼古拉斯·路易发明了造纸机，改变了以往的手工造纸方式，利用传输带制造纸张，使生产变得更为迅速，纸张的成本也更加低廉。
- 1817 年，英国制造了第一个商用纸板箱，1839 年开始进入了商业化生产。
- 1856 年，英国的爱德华希利和爱德华艾伦兄弟发现在纸上加压成波纹的瓦楞纸，到了 19 世纪末，美国开始大量使用瓦楞纸板制作包装运输箱。
- 1852 年，美国的弗朗西斯·沃尔发明了第一台可以切割、折叠、裱糊的纸袋制造机，并于 1869 年创建了联合纸袋制造机公司，从此进入了纸袋包装的时代。
- 1894 年，科涅克地区第一条玻璃品生产线投入运营。
- 1899 年，亨利·G. 埃肯斯坦发明了蜡封包装，最大限度地延长了产品的新鲜程度。
- 1907 年，比利时籍的美国化学家发明了第一块真正的合成塑料，称作酚醛塑料。
- 1910 年，瑞士开设了世界上第一家铝制品工厂，生产可用于食品密封的铝箔材料。
- 1912 年，瑞士化学家布兰登伯格发明了玻璃纸，标志着塑料时代的到来。
- 1940 年以后生产的铝和薄膜复合材料，可用做冷冻食品的包装。

20 世纪 40～90 年代，包装材料继续不断推陈出新。20 世纪 40 年代的冷冻食品包装得到改进，包裹在蜡纸盒中的食品能在低温下较为稳定地保持其原有味道和色泽；20 世纪 50 年代，喷雾阀成为新型的包装结构，铝管和喷雾罐取代了笨重的钢管，用于粉状、液体、泡沫、油脂类产品的包装材料；20 世纪 60 年代，生产商们着力研发各种金属表面材料，尤其是无颗粒纸板，相继设计出与产品轮廓相结合的曲线包装；除此以外，意大利生产商 Global Tube 推出的全新的软管理念，具有高技术含量的分散系统，很好地解决了容器被挤压的时候产品不会外漏的问题等。

长期以来，水制品与其他商品相比，在盛载、存储和运输等方面都会更困难，因此，人们一直在尝试将不同的新材料运用在水制品的包装中，力求从多元化的视角赋予水制品更多的可行性。如图 1-5 所示，1826 年，

⊕ 图1-5 水制品包装的发展简史

卡夏泉的泉水被灌注在陶土罐中运往周边乡镇；1838 年，玻璃瓶生产线投入运营，细颈玻璃瓶成为圣加尔米耶泉泉水所特有的包装容器；1950 年，Volvic 首次尝试用铝制包装盒盛装饮用水（后演变为铝制易拉罐）作为航空饮品；1968 年，轻型的 PVC 塑料成为 Vittel 瓶装水的主要材料；1997 年，Montcalm 推出了配备坚固手柄的 5 升桶装水便于消费者提携；2000 年，Volvic 推出了形状新颖的包装瓶；2004 年，Biota 采用可再生材料 PLA 替换 PVC 制成水瓶包装；2006 年，Icewater 公司在美国推出了软塑料制成的水袋包装，充分体现了生态包装的设计理念。

1.3　商业社会的品牌意识

18 世纪的欧洲经历了工业革命，机械化的批量生产大大缩短了产品的生产周期和人力消耗，当大量成本低廉的标准化产品涌入市场时，人们不必担心买不到需要的商品，而是可以有机会充分比较同类产品的性能与价格，挑选价廉物美的产品或是通过选购更为优质的产品来体现人们的品位与身份。品牌意识的树立促进了消费品市场的扩张，加速了商业社会的形成。如图 1-6 所示，产品的外包装上印有商标，在书籍的封面上印有出版刊号，或是在店铺的门楼上悬挂印有字号的酒幌，这些带有设计的产品包装，都起到了明确生产商身份和宣传产品特点的功能。

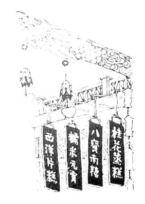

🕀 图1-6　中国古代商铺和产品的标识设计

19 世纪中叶，生产商们正式采用了品牌（Brand）一词，"brand"来源于古挪威文 Brandr，意识是烧灼，原先的农场主们会用烧红的烙铁在家畜身上留下印迹，以此证明这些牲畜是属于自家的私有财产。美国市场营销协会（American Marketing Association）在 1960 年出版的《营销术语词典》中将品牌定义为："品牌是一种名称、术语、标记、符号或设计，或是它们的组合运用，其目的是借以辨认某个销售者或某群销售者的产品或服务，并使之同竞争对手的产品和服务区别开来。"自此，这类视觉符号所代表的货品所有权的做法逐渐演变成商人们通过特定的"品牌"符号对其产品做出承诺的方式（图 1-7）。例如 16 世纪早期，为了维护蒸馏威士忌酒的质量声誉，生产商们将威士忌装入烙有各家生产者名字的木桶中，以免在经销过程中被偷梁换柱。

品牌理念在包装设计的应用与发展大致分为以下三个阶段。

1. 启蒙期

美国营销学专家菲利普·科特勒（Philip Kotler）认为："品牌就是一个名字、名词、符号或设计，或是上述的总和，其目的是要使自己的产品或服务有别于其他竞争者。"

⬆ 图1-7　美国早期的金属罐设计（美国博物馆收藏）

　　虽然"品牌"的定义产生于美国，但中国对品牌的理解与实践却早在唐代时期就已经开始了。那时的商业贸易随着陶瓷器的大量生产与销售而变得异常繁荣，陶瓷器在国内与海外的产销两旺，使瓷窑瓷场的竞争日趋激烈，于是，代表自家瓷窑生产的标识性或广告性的款识（铭文）不断涌现。如唐代长沙窑器可见到"卞家小口天下有名"，"郑家小口天下第一"等广告性铭文，宋代磁州窑枕上常见的"张家造"、"张家枕"款，影青粉盒上常见的"段家合子记"款等则属于生产商或生产地的标识性款识（图1-8）。

⬆ 图1-8　汉代书籍封面与元代铜镜铭记

2. 酝酿期

　　美国现代广告大师大卫·奥格威（David Ogilvy）的品牌形象（Brand Image）理论认为："品牌是一种错综复杂的象征，它是品牌属性、名称、包装、价格、历史、声誉、广告方式的无形总和。"

　　早期手工作坊式的生产模式，随着此后出现的印刷制造技术而得到革新，中国明清时期的书报刊物、民国时期的产品广告，以及西方国家商业包装领域的扩展，都体现出商家对品牌形象有了更的多元化认知，品牌不再局限于外在的视觉元素，而是与产品和企业相关的综合性的象征符号，体现的是产品的卓越品质和企业的良好形象。如图1-9所示，盾形纹章是西方早期包装设计中最为常见的设计元素，图案大多华丽精美，包含极为凶悍的动物形象，或是象征生产该产品的家族，或是代表某个较为著名的地区，用以表达经典纯正、高贵典雅和值得信赖的品牌印象。如今，这类品牌符号也进一步演变，并广泛用于奢侈品、名贵商品或是知名餐馆的标识设计以唤起消费者对产品品牌的价值认同。

🔆 图1-9　16世纪的英国盾形纹章（巴伐利亚州立图书馆收藏）

3. 成熟期

美国著名名牌学家艾克（David A.Aaker）认为："品牌延伸（Brand Extensions）是使用一个已建立的品牌名称，在其原产品类别进入一个新的市场，或者使其从原产品类别进入其他产品类别。"

当某一产品品牌在市场中已经获得了一定的影响力与知名度，企业会将这一成功经验应用于新产品的推广。简而言之，品牌延伸是品牌发展成熟的标志，不论是已有品牌的改良设计，还是新品牌的推陈出新，品牌延伸都是有助于提升整个品牌资产的有效策略。在具体的实施过程中，系列化产品的包装设计是现代品牌延伸必不可少的环节，在使视觉形象有序统一的同时，也增强了广告传播的效果。如图 1-10 所示，始创于 19 世纪中期的 Folgers 咖啡公司是全美第二大咖啡生产商，1970 年宝洁公司将 Folgers 品牌的系列化产品通过包装设计与

🔆 图1-10　Folgers品牌的咖啡系列包装

广告宣传的方式向全美推广,一举使其在 1980 年的销售量超过了卡夫公司旗下的麦斯威尔咖啡,成为全美销量最大的咖啡品牌。

经历了从 18 世纪到 19 世纪近百年的工业化发展,现代都市的商业环境逐步形成,消费者对商品品牌的意识得以加强,在日趋丰富的消费品市场中,同质化产品之间的竞争也愈加激烈,如何通过产品包装的视觉设计实现品牌的核心价值——"在消费者心中留下烙印",使品牌所蕴含的有形形象、无形文化、精神价值等得到消费者的广泛认可和接受,已经成为了设计师与生产商们迫切需要解决的问题。

1.4 现代包装的视觉营销

20 世纪 40 年代,第二次世界大战在欧洲爆发,这场硝烟弥漫的战争直接导致了欧洲各国的经济萧条,物资及自然资源的匮乏使这段时期的商品包装呈现极为克俭的风格特点。在战争的影响下,材料与印刷油墨受到严格控制,包装结构强调标准化,信息设计要求简洁单一,这样的设计风格一直持续至 20 世纪 50 年代,曾经装饰烦琐的商品包装销声匿迹。

🔺 图1-11 Birds Eye 冷冻食品专柜

然而,美国的包装产业却在第二次世界大战期间悄然兴起。1937 年美国推出了世界上首批购物手推车,自助式销售商店也随之大量出现,这在很大程度上改变了消费者的购买体验(图 1-11)。原先陈列在展示柜里的商品,只有经售货员的手才能展示在购买者面前的时代已经成为过去,消费者对商品的选择完全依赖产品包装所传递的信息,包装设计摇身一变成为了引导消费、产品营销、品牌推广的营销手段。除此以外,大规模零售环境的变化也对商品包装提出了更高的要求,以往购买小宗商品时需要售货员手工称重与包装的操作,将由适合货品零散销售的独立包装、定量包装、密封包装等包装形式所替代,包装设计有了更广阔的发展空间。

20 世纪 60 ~ 70 年代,随着全球经济的复苏,人们的购物需求不断增加,产品数量与品种都达到了前所未有的丰富,人们不再满足于千篇一律的设计样式,风格独特的产品包装往往更容易受到人们的青睐。然而,包装设计除了个性鲜明的独立包装以外,要想在货品琳琅满目的卖场中形成销售热点并不容易,于是视觉营销(Visual Merchandise Display,VMD)的营销策略应运而生。

视觉化商品营销策略在美国早期的卖场计划和活动策划中起到了重要作用,原意是指"从商品计划到进货、陈列、表现、内部装修、道具设计等的店铺环境表现,直至卖场的 POP、标识、告示板等图形表现,把店铺想要向顾客传达的信息用可见的形式表现出来的技术。"简而言之,视觉营销是卖场为了吸引消费者的感官,刺激他们的购买欲望,并最终促成购买行为所采取的整体化视觉信息设计,如:产品包装、展柜陈列、空间照明、卖场音乐等。如图 1-12 所示,布西科在法国巴黎开办了世界上第一家百货商店——乐蓬马歇百货公司,试图通过展示区域的艺术表现形式,让消费者能在各类商品的陈列橱窗前驻足停留,这一做法很快受到了人们的欢迎。

✦ 图1-12　法国巴黎的乐蓬马歇百货公司

如今，视觉营销的传播媒介不再仅限于橱窗与店内展示，报纸、电视、广播，以及互联网与手机等新媒体的共同参与，使广告宣传与产品推广步入了整合营销阶段。在与产品相关的众多视觉设计中，产品包装仍然是直面消费者的最重要的一部分，随着商业环境与消费观念的变迁，新的设计风潮如雨后春笋般不断得以延续和发展。

1.5　包装设计的未来发展

20世纪80年代末美国设计理论家维克多·巴巴纳克在《为真实世界而设计》一书中提出，在商业社会中，纯以赢利为目的的设计行为应该受到批判，设计师应担负起对社会和生态变化方面的责任。

1.5.1　环保包装设计

环顾我们身边随手可触的商品，仍然存在着很多不恰当的包装。例如超市货架上的水果与蔬菜大多都带有销售包装，但研究数据表明，除番茄、桃子和草莓以外，90%的蔬果并不需要独立包装，无包装反而有助于保持蔬果的新鲜与营养。近年来，国内对过度包装的现象给予了一定的重视，使得礼品、月饼、药品等产品包装的容积率得到了有效控制，但大量的快餐业的餐盒、家电行业的承重包装、医疗行业的一次性包装等仍然给环境带来了负面的影响。因此，绿色包装设计在未来相当长的时间内成为设计师与相关行业人员共同研究的设计主题。

可持续包装联盟（Sustainable Packaging Coalition）曾对绿色包装做出过定义：①在包装的整个生命周期里对个体及社会安全有益；②符合市场经济的要求；③在开采、制造、运送和再生过程中使用可再生能源；④最大化地利用可再生和可循环的资源材料；⑤在制造过程采用清洁的生产技术和高效的生产方式；⑥使用安全无污染材料制造；⑦在设计上材料和能源消耗最小化；⑧符合从摇篮到摇篮的循环规律。由此可见，未来的环保包装不仅仅是单指环保材料的创新研发、包装结构的精简设计、商品包装的废弃回收，而是一个商品从设计、选材、生产、存储、运输、销售、使用、回收到二次再利用的过程，在这完整的生命周期内形成人与环境的和谐关系，以此来实现产品包装的价值创新。

2008 年 CrownHoldings 公司设计的一款取名为 SuperEnd 的铝制饮料罐（图 1-13），它的独特之处在于与同类铝制罐相比，在不改变罐口半径的情况下，其用料能够减少 10%，这意味着在生产与运输环节也同样可以减少同等比例的温室气体排放。

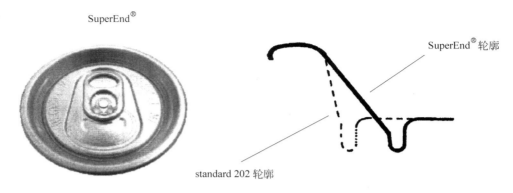

SuperEnd®

SuperEnd® 轮廓

standard 202 轮廓

🔾 图1-13　SuperEnd铝罐盖子结构图

1.5.2　智能包装设计

1992 年，世界第一次智能包装国际会议在英国伦敦召开，会议首次提出了智能包装（Intelligent Packaging）的理念。简而言之，智能包装是指采用机械、电子或是化学效能的包装技术，使包装在保持其基本性能的同时，具有一些特殊的功能，以满足特定环境下对包装的特殊需求。随后在 1992—2001 年的 10 年间，来自欧洲的科研单位和企业的专业人员共同参加名为"对活性与智能化包装的安全性、有效性、经济环境影响和消费者接受程度的评估"简称"Actipak"项目组，共同探讨智能包装的未来发展。

智能包装按照其功能原理，可分为材料智能型包装、结构智能型包装以及信息智能型包装三种类型。其中信息智能型包装是新兴包装技术中最有发展潜力的包装形式之一，它不仅包含商品来源、使用方法和保质期等基本的辅助信息，也能记录并反应商品在仓储、运输、销售期间受时间、温度、湿度等客观环境影响下的质量变化情况，同时，还能在商品供应链中跟踪产品，防止失盗或损坏。

如图 1-14 所示，食品新鲜度指示卡是一款智能型的包装指示标签，常用于冷鲜食品的外包装，用以显示产品的质量。冷鲜食品在腐败过程中所产生的微生物代谢产物的多少会引起指示标签的变色，越是新鲜的食品，它的指示标签颜色就越浅，而当标签颜色变成深色时，则表示食物已经变质不能食用，包装上的条形码也就不能再做扫描识别进行出售。

🔾 图1-14　食品新鲜度指示标签

1.5.3　交互包装设计

除了包装信息的智能化设计以外，包装信息的交互设计近年来受到业内人士的广泛关注。交互设计（Interaction Design）作为一门关注交互体验的新学科诞生于 20 世纪 80 年代，IDEO 的创始人比尔·摩格理吉（Bill Moggridge）在一次设计会议上正式提出了交互设计的概念，并被延伸至包装设计领域，形成了交互包装设计这一新名词。

包装的交互式设计不同于包装设计的传统界定，是致力于通过包装的界面设计，让商品与消费者之间形成某种情感上的联系，增强人与物之间的沟通与感官体验。专家 Martin Lindstrom 认为包装在影响人们购买方面的嗅觉（45%）、听觉（41%）、味觉（31%）、触觉（25%）与视觉（58%）一样重要，因此，包装的交互设计是让包装以一种更加立体化、全方位的状态呈现给消费者，以唤起消费者的多感官的消费体验。

韩国设计师 Moon Sun Hee 设计了药片的花瓣包装（Medi Flower Medicine Repackaging），花瓣包装的塑料片可以抠出做成支架，整板药就如同插画一般竖立在桌面上，当吃完一粒药片，就会有一块花瓣绽放，使药物治疗过程充满了温馨与甜美（图 1-15）。

🔆 图1-15　药片的花瓣造型包装 Medi Flower Medicine Repackaging

包装的交互设计另一项重要的功能是实现无障碍沟通。各国消费者在性别、年龄、语言、文化、身体状况和个人喜好等方面都各不相同，尤其是残疾人在某些感官缺失的情况下，对产品信息的了解存在一定的困难，包装的无障碍设计能有效弥补这一缺陷，透过商品包装使各类人群都能够准确无误地获取同样的信息，这便是包装交互设计所带来的信息共享的优越性。因此，包装信息的交互设计对构建全民消费的销售环境、提升产品品牌的形象起到了至关重要的作用。

第 2 章
包装设计的内核与延展

现代商业社会，包装俨然已经成为商品的视觉延伸，是企业与消费者之间沟通的重要媒介。美国最大的化学工业企业杜邦公司开展的一项市场调查结果显示：63%的消费者会根据商品的包装来选购商品，这一发现便是著名的"杜邦定律"。另据英国一家调研公司的报告表明，习惯去超级市场购物的家庭主妇们，常会因为商品的精美包装而使自己的购物预算提升45%。由此可见，包装设计已经成为刺激消费、提升品牌、开拓市场的有效途径和关键因素。

我们理解包装对商业贸易的重要作用，但包装设计究竟需要包含哪些内容？与之相关的又有哪些要素？我们能够从本章获取到答案。

- 业界对包装设计有怎样的定义？
- 商业环境下的包装设计具有哪些基本功能？
- 包装设计中的品牌理念如何得以体现？
- 如何才能完成一项优秀的包装设计？
- 有哪些因素影响包装设计项目的成功开展？

2.1 包装设计的定义

包装设计的定义从狭义上来讲，是指为了在商品流通中保护商品，方便运输，按一定技术方法所采用的容器、材料及辅助物的总称。从广义上讲，包装设计是将功能性结构、视觉要素、编排设计样式及其他辅助性元素与产品特性、产品形态、产品信息相结合的一项具有创造性的设计工作。

世界各国对商业包装的认识如下。

- 美国包装学会认为：包装是为便于货物输送、流通、储存与贩卖而实施的准备工作。
- 英国规格协会认为：包装是为货物的运输和销售所作的艺术、科学和技术上的准备工作。
- 加拿大包装协会认为：包装是将产品由供应者送到顾客或消费者手中，能保持产品完好状态的工具。
- 日本包装用语辞典中定义：包装是使用适当的材料、容器，施以技术，使产品安全到达目的地，使产品在运输和保管过程中能保持其内容及推销产品之价值。
- 中国对商业包装的解释：包装是为在流通过程中保护商品、方便储运、促进销售，在采用容器、材料及辅助物的过程中施加一定技术方法的操作活动。

　　虽然各国对商业包装并没有形成统一的定义，但包装作为实现使用价值与商业价值的手段，在生产、流通、销售与消费环境中发挥着极其重要的作用。试想一下，如果没有包装设计的存在，所有的商品都采用相同的容器，看上去都一模一样、毫无区别，我们就无法辨别、选择，甚至无法使用商品。因此，包装显然已经成为日常生活中必不可缺的设计产物（图2-1）。

　　🔼 图2-1　一样的包装容器，不一样的包装设计（2010届学生程雯静等作品）

2.2　包装设计的功能

2.2.1　产品的保护功能

　　1860年，美国人爱默生在《生活指南》一书中提道："当时的商人们已经注意到在运输过程中存在着货物的破损问题，于是产生了以保护商品安全为功能的包装。"

　　每一特定历史时期的包装，既有自身的规定性的一面，又有不断变化的一面。在人类包装发展的过程中，无论是利用自然界的原始材料（如树皮、茎叶、兽皮、果壳等）所进行的早期包装，还是运用种类繁多的有机材料、复合材料所造就的现代包装；无论是早期包装所使用的手工编织捆扎技术，前工业时代采用半机械、半手工操作的包装，或是运用机械化、标准化、智能化生产手段的现代包装，我们都可以发现：各类产品的包装都必须满足其最基本的功能——容纳和保护。

　　产品包装的保护功能设计尤其需要正确的科学方法。选择适合的包装材料，如金属、塑料及密封性较好的复合材料，最大限度地确保产品的稳定性，延长产品的保质期限；采用科学的结构设计，使产品能够承受堆叠压力和长距离运输，如零食类商品会使用充氮包装，因为包装内的空气有足够的缓冲空间，所以产品就不容易在装运、仓储的过程中被压碎或变形；配备环保的包装组件，根据各国的法规规定，特殊商品在特殊环境下必须使用隔绝光、紫外线、抗氧化的包装组件，并确保在各个流通环节都能够维持恒定的产品质量。

　　如图2-2所示，优质的鸡蛋包装盒主要解决降低鸡蛋在运输与销售过程中的破损率。采用再生纸浆，通过成型机模具压制而成的鸡蛋包装盒具有较强的抵抗力，此外，蛋坑的多凹槽设计，与传统包装相比可节省50%的仓储空间，因此，用再生纸浆压制而成的包装盒是各国常用的鸡蛋包装材料。

⬆ 图2-2　用再生纸浆压制而成的鸡蛋包装盒

2.2.2　信息的感知功能

英国著名设计师加德先生曾说过："成功的包装设计能在 7 秒钟的时间内把信息传达给消费者，在 4 米远就能把顾客吸引过来。"

包装外在信息的视觉功能是将企业的品牌形象、产品的特征、产品的属性、产品的使用等信息，通过形、色、意等视觉符号的合理编排准确而快速地传递给受众，力求在同质化产品中脱颖而出，吸引消费者的视线和兴趣，从而进入消费者的选择范围。这一功能往往就在消费者接触到产品时的几秒钟内得以实现，因此，包装的视觉设计在引导消费者从产生需要到最终购买的决策心理中，起着不可忽视的微妙作用。

从消费心理学的角度进行分析，包装信息的视觉功能在消费者购买心理的整个活动过程中可分为认知、感情、意行三个阶段。

（1）认知，即通过独特的包装材料、图案、颜色、标识等，使本企业的商品外包装在同类产品中独树一帜，以此吸引消费者的注意力，促使他们把商品从货架上拿下来看看。据一项调查显示，人们在超市购物逗留的时间平均为 30 分钟，在这段时间内可以浏览 1500 ~ 2000 种商品，而做出购买决策的时间仅为几秒钟。因此，通过设计与众不同的新奇包装，不仅可以给消费者带来新的感知，还可以极大地满足他们的好奇心。

（2）随着感觉的深入，对各种感觉材料进行分析、综合，便形成消费者对商品整体特性的印象，这就是感情。大部分消费者在商品购买过程中会表现出求实求便的消费心理，商品的实际效用和使用便捷性是最重要的。因此，作为商品的外在表现，包装在视觉设计中应尽可能把商品的厂家标示、日期、地点、产品特点和使用说明用图形和文字形式告知消费者，便于消费者最大限度地全面了解掌握有关商品的整体情况，产生对该产品的信任、青睐、喜爱或是与之相反的情感，决定了消费者是否会稳固或干脆打消购买的欲望。

（3）消费者确定了购买目标并付诸实施的过程，消费者经过认知、感情阶段之后，结合自己的需要，采取购买或是离开的行动。

在消费者购买心理活动中，认知、感情、意行三个过程往往是紧密联系在一起，并在极短的时间内形成，因此，包装信息的视觉功能就是显得尤为突出。如图 2-3 所示，2013 年 Dieline 包装设计大赛的参赛作品 "Fresh Food" 获得了包装图形类的二等奖，设计师巧妙地运用了食物的透视图像，加上辅助图形的商业摄影，完整地表达了食物的品质与烹饪方法，仿佛一下子就勾起了消费者对美食的向往。

🔆 图2-3　2013年Dieline包装设计大赛的获奖作品"Fresh Food"

2.2.3　使用的无障碍功能

　　驻日记者曾写下对日本包装"开启文化"的感言："装金针菇的塑料袋上下分为两种颜色，上面为透明的，下面是蓝色的，吃的时候就从两色分界的地方切开，因为蓝色包装那部分是根，不能吃。"

　　包装设计的人性化设计越来越强调以消费者为中心的无障碍设计，包装的无障碍设计是基于对人类行为、意识与动作反应的细致研究，优化一切为人所用的物与环境的专项设计。不仅包括传统设计中满足人体功能要求的功能化设计，如拉、按、拧、盖等封口设计，或是便于消费者购买和搬运大宗商品的包装加固设计，同时涵盖了对不同年龄、性别、身体状况和文化背景等人群对产品包装的个性化设计。

　　包装设计中的无障碍功能主要表现在两方面：首先表现在使用的无障碍，如在装普通洗涤液的容器设计中，若在手抓之处增加摩擦力设计，消费者在使用时便不容易让瓶体从手中滑落。其次表现为产品沟通的无障碍，在包装设计中尽可能考虑特殊人群在产品识别、信息认知上的困难，如在有着同样造型的洗发香波与护发素的容器表面上添加若干触觉感知记号，能使盲人通过触觉感知是香波还是护发素。如图 2-4 所示，早在 2004 年，

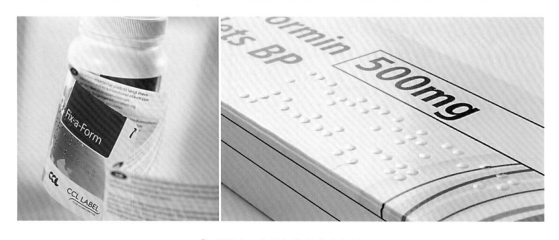

🔆 图2-4　药品包装的盲文标注

欧盟率先成为在药品包装上实行标注盲文的地区之一,并发布了相关法律法规,明确在药品包装中必须用盲文标注药品名称、剂型、用药说明等信息,以保障视障人士的安全用药。由此可见,包装的无障碍设计力求使消费者在任何情况下都能够平等、方便、无障碍地获取商品信息与使用产品。

2.2.4 品牌的增值功能

美国著名的包装设计企业普利莫安得公司的一则座右铭:"对多数产品来说,产品即包装,包装即产品。"

切纳瑞和麦克唐纳的品牌定义:"一个成功的品牌能帮助顾客识别产品、服务、人员或地方,把品牌加在产品、服务、人员或对方身上,并能使购买者或者使用者感受到与他们相关的产品附加值。品牌的成功源于其在竞争环境下,能持续地保持这样的价值递增"。因此,商品附加值主要是指通过产品的技术创新、视觉设计、品牌战略等一系列的创造性活动,提升商品的知晓度和美誉度,增加商品品牌的影响力,从而在激烈的市场竞争中,使该商品的市场定价能够高于其他同类产品,并能获得更大的市场占有率以及更高的商业利润。

企业在追寻商品高附加值的同时,已经逐步认识到,作为商品与消费者沟通的最直接的媒介,产品的包装设计是开发商品附加值的最有效手段,合理有效的包装可以增加商品的经济价值、实用价值、审美价值、文化价值、品牌价值等价值功能(图2-5)。

🔼 图2-5 RIO低度休闲酒广告(2012届学生黄垚作品)

2.3 包装设计的分类

在现代品种繁多的产品市场中已经不可能像20世纪70~80年代初期那样生产千篇一律的产品包装,不同类型的产品设计需要不同样式的包装,为了实现包装设计的精准定位,我们从商品种类、包装材料、结构形态、运输流通、销售环境等几方面做包装的分类设计。

(1)按包装内容物的不同进行分类,可分为食品饮料、日用品、化工产品、医药产品、玩具、纺织品、电器等。其中每一类还可以进一步细分，如食品类可以根据消费者的年龄分为儿童、青少年、中年、老年食品等，又如饮品类可以根据口味的差别分为茶饮、果饮、气泡类碳酸饮料等。

（2）应依据产品内容物的特点选择合适的包装材料，因此，金属、玻璃、陶瓷、塑料、纸、木、复合材料或是智能材料便成为包装材料的分类方式。不同的包装材料就会有不同的包装形态，也因此会有不同的包装技术，如包装形态可分为箱、桶、瓶、罐、杯、盆、袋等，与之相应的便产生了真空、充气、冷冻、收缩、贴体、组合等技术手段。

包装的生产加工结束后，就会进入商品的运输流通环节，包装又可分为运输包装和销售包装。运输包装又称作工业包装、大包装。主要以满足运输、装卸、储存需要为目的，起着保护商品、方便管理、提高物流效率等作用。运输包装一般不直接接触商品，而是由许多小包装集装而成，通常不与商品一同出售给消费者。

销售包装又称作商业包装或个体包装，主要起到宣传产品、促进销售、方便购买的作用，以实现商业盈利的目标。与运输包装不同的是，销售包装通常随商品一起出售给消费者，是消费者挑选商品时认识商品、了解商品的一个依据。随着零售市场的快速发展，近年来有不少商品包装呈现两者兼之的状态，既是运输包装，又是销售包装，在满足运输包装功能的前提下扩展销售包装的功能要求（图2-6）。

⊕ 图2-6　包装中的个体包装、内包装、外包装

2.4　包装设计与品牌

2.4.1　包装设计的品牌理念

在如今的市场经济环境下，"品牌"通常被认为包含有两层意思：首先是"品"，即商品，以及商品的品相或等级，就如同我们每个人都有自己的品格一样，品牌也具有独特的个性；"牌"则是指产品商为自己的企业、产品和服务所起的专用名称，我们可以把它简单地理解为产品的商标。把上述两层含义联系起来便形成了完整的"品牌"定义，品牌是代表企业和产品形象，并具有一定品格意义的商标。

著名学者对品牌（Brand）的有形与无形的定义。

- 菲利普·科特勒关于品牌的有形定义："品牌是一种名称、名词、标记、符号或设计，或是它们的组合运用，其目的是借以辨认某个销售者或者某群销售者的产品或劳务，并使之同竞争者的产品和劳务区别开来"。
- 奥格威关于品牌的无形定义："品牌是一种错综复杂的象征，它是品牌属性、名称、包装、历史、声誉、广告形式的无形的总和，品牌同时也因消费者对其使用的印象，以及自身的经验而有所界定"。

品牌理念在产品包装上的应用，也同样体现了品牌的有形与无形，具体表现为包装的外在形象和内在寓意。我们看得到摸得着的是包装的外在形象，是有形的品牌符号，而我们与产品所建立的情感认同，则来源于品牌包装所蕴含的精神与文化内涵。所以，我们把包装的品牌表现分为品牌要素（Brand Elements）和品牌文化（Brand Culture）两个方面。

包装的品牌要素是指在包装的外立面上显示的品牌名称、说明、标记、符号、形象设计以及它们的组合。

- 品牌名称（Name）：具有独特含义的语言，包括词语、字母及其组合。
- 品牌说明（Term/Byline）：对品牌内容的提示性词语，可以增强人们对品牌的认知、印象和记忆，是品牌重要的辅助形式。
- 品牌标记（Sign）和符号（Symbol），合称为品牌标志（Logo）：品牌独特的书写形式、图案和标志物，具有一定的隐喻性和象征性。
- 品牌形象设计（Design）：品牌的产品外观、品牌包装、品牌广告、品牌代言人等形象，是关于品牌内容的具体展示。
- 品牌形式的组合：以品牌命名为主的品牌各类形式之间的组合，它可以让市场对品牌产生综合的认知、印象和记忆，有助于品牌的整合营销。

品牌文化不同于品牌要素的具象表征，它是一个深层次、智慧型的抽象概念。品牌文化是由消费者、企业与产品三者共同参与构建，以消费者认知为引导、由企业来创造和维护、通过产品来表达的一种复杂而独特的文化符号。因此，包装的设计风格、品牌主题、文化内涵是品牌文化在包装设计中的主要表现。

- 设计风格（Style）：形式简洁的简约主义、装饰感较强的复古主义、自然纯净的写实主义、个性鲜明的抽象主义的包装设计的风格特点。
- 品牌主题（Topic）：产品包装上所呈现的品牌广告，或是带有叙事功能的品牌口号。
- 文化内涵（Cultural）：美国文化的冒险创新、英国文化的贵族品位、法国文化的浪漫自由、日本文化的开拓探索、中国文化的民族情感，体现在包装视觉信息的编排与设计中。

如图 2-7 所示，中华老字号是在中国数百年来的商业竞争中留存至今的经典代表。有着"中国布鞋第一家"美誉的"内联升"创建于清咸丰三年（公元 1853 年），"瑞蚨祥"绸布店自 1870 年就声名鹊起，还有明朝中期的美味酱菜"六必居"等老店品牌在国内外可谓闻名遐迩。2006 年，商务部发布了《中华老字号认定规范》，对"中华老字号"的品牌做出正式定义："历史悠久，拥有世代传承的产品、技艺或服务，具有鲜明的中华民族传统文化背景和深厚的文化底蕴，取得社会广泛认同，形成良好信誉的品牌"，即"拥有商标所有权或使用权，品牌创立于 1956 年（含）以前，有传承的独特产品、技艺或服务"的企业。

图2-7　中华老字号标示

2.4.2 包装的品牌传播策略

包装的品牌传播（Brand Communication）指品牌的生产商借助产品包装的视觉传播策略持续地与目标受众交流，在与消费者长期、系统、积极和有效的互动过程中积累、优化，并增加品牌资产（Brand Equity）。因此，品牌传播既是打造品牌的行为或过程，也是品牌化（Branding）的行为或过程。

作为包装设计师，我们该怎样通过包装使产品获得更高的品牌价值和更佳的品牌形象？

1. 品牌定位

优秀的包装设计要能体现产品的品牌定位，在目标受众接触产品包装的几秒钟内，让受众明白该品牌提供了什么，与其他同类产品相比具有哪些共同点与差异点，是否与受众的期望相符合，能否成为一个更优的竞争选择，总而言之，以目标受众的特定需求为核心，通过包装的视觉要素的组合设计，使产品的品牌定位和竞争优势给目标受众留下深刻的印象。

2. 品牌标识

品牌的标识设计是指那些可以识别并区分品牌的特征化设计，并可用于注册商标，大多数强势品牌都采用多重品牌要素作为标识设计的素材。包装视觉设计的首要作用是让目标受众获取品牌信息，因此，品牌标识的设计显得尤为重要（图2-8）。

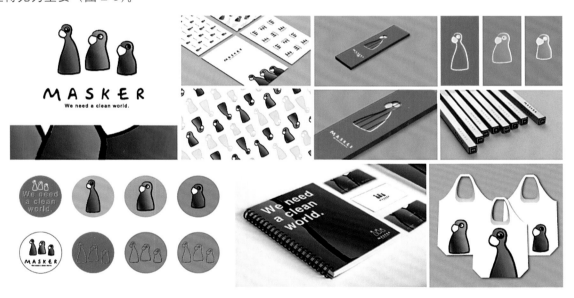

🔴 图2-8 MASKER环保公益组织品牌设计（2011届学生陈波作品）

要做一个符合产品定位、又能博人眼球的标识设计，需符合以下标准。

（1）是否便于受众识别

在受众挑选和购买此类商品时，能轻易地回忆并识别出该品牌的标识，尤其是图形化的标识，如米老鼠、快乐绿巨人、康师傅方便面上的胖厨师以及骆驼牌香烟上的骆驼形象等都是容易唤起人们好感的标识。

（2）是否包含了产品的内在含义

在标识元素中，能使受众理解相应的产品类别、产品成分，或是适合于哪一类消费人群等内在寓意。如IBM的深蓝色标识折射出科技领先的企业精神，因而深受商务人士的青睐。

（3）是否能博得受众的喜欢

品牌的标识图形、色彩、文字具有吸引力，能使受众产生情感上的亲近感，如百事可乐红、蓝、白相间的不规则圆浪形向人们传递了品牌的活力与动感，瞬时拉近了与年轻消费者的距离。

（4）是否有利于产品的品牌延伸

品牌延伸（Brand Extension）指在原有品牌的基础上，延伸出它的新产品，也可以称为子品牌，同样的标识设计能否也适用于企业的其他产品是衡量品牌构架的重要因素。

（5）是否能受到竞争性保护

当某些产品的品牌能够长久地成为同类产品中的佼佼者，那么它的品牌名称就成为此类产品的代名词，如肯德基、麦当劳，给受众的第一印象是指西式快餐连锁店，可见其品牌强度已远远超出于其他产品，因此能得到更多的竞争性保护，而不会被市场泛化。

3. 品牌联想

体现在产品包装上的品牌形象、品牌标识、广告信息等视觉元素，通过综合、分析、归纳、概括，将设计概念由抽象的评述表现逐步转化为具体的形象设计，促使产品品牌与顾客建立强有力的、赞许性的以及独特的品牌联想，如"娃哈哈"饮料用简单的笑脸符号，寓意孩子们喝了笑哈哈，是一款能让孩子们高兴的产品；雀巢奶粉有"舒适"和"依偎"的含义，如小鸟一般在鸟窝里受到很好的照顾，从而表达产品的安全和放心，这些或明示、或暗喻的视觉表现方式，旨在消费者的头脑中与产品品牌建立关联，从而形成受众对品牌的感知、共鸣、偏好和行为等。

4. 品牌承诺

品牌承诺是经营者或生产商对该产品及其宣称的性能所做的保证或担保。在包装设计中，品牌承诺一方面表现为产品的真实信息准确无误地传递，以便于受众能清楚地获知；另一方面，则表现在产品包装的质量、拆装、再利用等，这些都是能赢得受众的品牌忠诚度的有效方法。所以作为设计师，我们需要尽量避免出现以下情况。

（1）产品包装不论在品牌标识、结构造型、图形图像等方面与其他同类产品过于相似，导致消费者产生混淆，做出错误的购买决策。据英国品牌团体估计，每年超过两百万的购物者因包装相近而误买产品，这使真正的品牌生产商每年损失930万英镑。

（2）包装上有关产品的广告信息（包括促销信息、广告标语等）、图像信息（品牌代言人、产品实物等）、文字信息（包括产品成分、净重、作用、生产日期等）不能真实、准确地反映产品信息。美国规定所有含酒精的饮料，在酒瓶上必须印上"酒精不仅会危害健康，伤害胎儿，而且会损害人的驾车能力"。

（3）包装结构的不合理，导致消费者在开启时无法正常打开，或是结构不坚固，没能起到保护产品的作用。劣质材料包装和超薄型包装材料的使用，会导致商品破损率提高，影响商品的销售。

（4）过度包装的商品容易令消费者产生反感情绪。国内的研究表明：消费者对空间容积率值超过20%的精包装会产生反感，精包装的空间容积率在15%～20%较为适合。

（5）包装材料不环保，包装容器不能用于二次使用，其材料废弃物的处理会对环境造成污染。据环卫部门统计：北京市每年产生的近300万吨垃圾中，各种商品的包装物约为83万吨，其中60万吨为可减少的过度包装物。

5. 品牌忠诚

品牌忠诚度指消费者在做出购买决策过程中，表现出的对品牌的心理偏好，对品牌信息做出积极解读的认知倾向。一个能获得较高品牌忠诚度的品牌，意味着购买者会因为此前令人满意的消费体验而再次选择购买这款产品，或是购买该品牌的其他延伸产品，因此，品牌忠诚度可以转换成为消费者的习惯性购买行为，巩固和提升品牌效应是确保竞争优势的有效手段，也已成为企业品牌传播的长期目标。

6. 品牌延伸

品牌延伸一般可分为两类，一类是产品线的延伸，如在原有的碳酸饮料产品类别中，又增加一个新口味；另一类是产品类别的延伸，如日用品多芬的品牌旗下，有香皂、沐浴液、洗发液、护发素、洁面产品等，使忠诚的消费者有更大的选择空间。经过延伸的系列化产品包装不论在货品展示、橱窗陈列、消费购买等方面都为品牌带来更多的优势。

（1）风格一致的系列化产品在货架成列时会占据优势地位，可以在有限的货架空间内创造富有视觉张力的整体效果，从而吸引消费者的注意力，加深对品牌的印象。

（2）具有较多产品类别延伸的品牌，往往更容易得到消费者的信任感，进而培养购买同品牌其他类型产品的忠诚度。

如图 2-9 所示，拜尔斯道夫股份公司（Beiersdorf AG）旗下的妮维雅品牌建立于 1911 年，至今已有 100 多年的历史。除了传统的护肤品领域之外，近年来妮维雅又相继拓展彩妆和护发等产品体系，产品快速进入国际市场，使其成为家喻户晓的知名国际品牌，其品牌形象随着产品延伸的同时不断得以强化。

图2-9　妮维雅的品牌设计（Fuseproject设计公司出品）

2.5　包装设计的目标

2.5.1　如何做一项成功的包装设计

要想做一项受市场欢迎、消费者喜欢、企业满意的产品包装并不是一件简单的事，它需要一个专业团队的

合力协作，这些从事项目管理、生产加工、品牌管理、运营开发、采购、销售等不同领域的专业人员都会在包装设计的生产过程中扮演着一定的角色，除此以外，还需要创意设计的业内人士在结构设计、产品摄影、材料供应、生产管理、印刷技术等方面的支持，才能呈现出令人满意的包装成品。

在设计包装的过程中需要注意的问题。

1. 了解包装的对象：产品

- 是否明确产品定位？是产品升级、产品延伸还是产品创新？
- 是否知道与产品定位相对应的目标受众在哪里？有哪些特征？
- 是否分析此类产品的竞争对手有哪些？与之相比有哪些差别？
- 是否能提炼出此品牌产品的风格特点？

2. 创造包装的形象：设计

- 包装的结构是否合理和坚固？是否能经受运输与仓储、货架摆放和产品使用？
- 包装的品牌信息是否传递清晰、准确、全面？
- 系列化包装设计是否能保持品牌信息的一致性？
- 包装的视觉形象是否在同类产品中具有竞争力？新颖且具有吸引力？
- 包装的货架陈列效果是否能达到预期？

3. 关注包装的生产：应用

- 是否做过打印样稿做内部讨论或是听取消费者意见？
- 是否测算过成本（包括材料、打样、印刷、裁切等工序）？
- 是否在试用的过程中得到过市场反馈，发现有不足的地方需要改进？

如图 2-10 所示，CD/DVD 类光盘的轻巧、方便、使用灵活、信息量大等特性成为产量最大的音乐光盘格式，因此，这类产品的包装设计也有了更广阔的市场。评价 CD 包装设计成功与否，我们首先从包装的材料、结构、视觉设计方面来看是否能充分体现包装的功能性，其次考量包装设计是否与该产品的价位、尺寸相适宜，最后包装也应该是产品的真实反映，适度并独具创意的包装设计是体现产品和企业形象的重要组成部分。

◆ 图2-10　CD/DVD光盘包装设计

2.5.2　影响包装设计的主要因素

从设计制作一项产品的包装所需注意的事项中，我们不难看出包装设计的过程是一项复杂的工程。理想状态下，一件成功的产品包装能够辅助产品销售取得更好的营销业绩，但实际情况往往不会那么公式化，不是所有设计完美的包装都能促进销售业绩的增长，给企业带来丰厚的收益，人们的购买行为也会受到很多变量因素的影响（图2-11）。

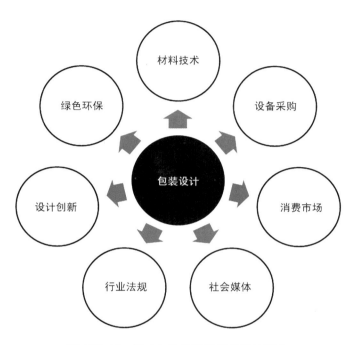

⬆ 图2-11　影响包装设计发展的相关要素

第 3 章
包装设计的材料与结构

　　包装材料是产品包装的结构形态、视觉设计、仓储运输、陈列分销等各个生产和流通环节的基础，包装材料的选取不仅取决于材料与产品的适合度，还需考虑制作工艺、生产成本与物流销售，因此，生产商、设计师、工程师等专业人士在开展包装设计项目的初始阶段就需充分考量并做出判断。目前市场中常用的包装材料种类繁多，如纸质、塑料、金属、玻璃和各类复合材料，不同的材料会产生不同的包装结构与形态，在新型的高科技或环保材料不断推陈出新的今天，包装形态也将日新月异、丰富多彩。

　　我们究竟该如何选取适合产品的包装材料？包装材料可以有哪些分类？如何创造符合材料特点的包装结构？我们需要探讨以下问题：

- 不同的包装材料各有哪些特性？
- 不同的产品类型对包装材料和结构是否有特定的要求？
- 材料选择和结构设计是否能起到保护产品的基本作用？
- 材料选择和结构设计是否便于商贸存储、运输和陈列，是否有利于消费者使用？
- 结构材料的设计能否有利于材料加工、印刷、裁切等流程？
- 材料本身是否符合绿色设计（环保、健康）的标准？
- 包装结构是否存在过度包装和材料浪费？
- 包装材料的制作成本与产品定价相比是否合理？

3.1　纸质包装的材料特点

　　在包装行业中，各类纸质材料的开发与应用最为广泛。根据《中华人民共和国国家标准（GB 4687—1984）》中的规定："所谓纸，就是从悬浮液中将植物纤维、矿物纤维、动物纤维、化学纤维或这些纤维的混合物沉积到适当的成形设备上，经过干燥制成的平整、均匀的薄页。"简而言之，纸是纸张、纸板及加工纸的统称。由于纸材有着价格低廉、方便加工，适合于大批量机械化生产，具有很好的成型性和折叠性，适合于精美印刷，容易降解、有利于环境保护等诸多优点，因此，以纸、纸板和加工纸为原料制作而成的纸质包装，已经成为了包装行业大力发展的材料之一，并不断在不同产品包装上得以推广和应用。

1. 白纸板

纸板分为灰底纸板和白底纸板两种，纸板质地坚硬，纸面平滑洁白，挺力强度和表面强度都较好，是可以直接用于印刷的材料，适用于一般的纸盒包装。

2. 铜版纸

铜版纸分为单面和双面铜版纸两种，主要由木和棉纤维制成，纸的表面附有一层白色涂料，使其具有一定的防水性能，适合多色套版印刷。

3. 胶版纸

胶版纸主要分为单面和双面胶版两种类型。与铜版纸相比，纸的白度、光滑度以及印刷性能稍逊色一些，适合单色凸印或者胶印。

4. 箱板纸

箱板纸富有很强的韧性，有耐压、抗张力、耐戳穿、抗水的特点，纸面有一定的平滑度和强度，是纸箱、盒及各种衬垫的主要材料。

5. 瓦楞纸

瓦楞纸具有坚固、轻巧、耐压、防震、防潮的优点，它的用途最为广泛，主要用来制作外包装纸盒，或作为防震等产品包装容器的辅助材料。根据瓦楞凹凸深度的大小，又可分为细瓦楞与粗瓦楞。细瓦楞的凹凸深度一般为 3 毫米，而粗瓦楞的凹凸深度则在 5 毫米左右（图 3-1）。

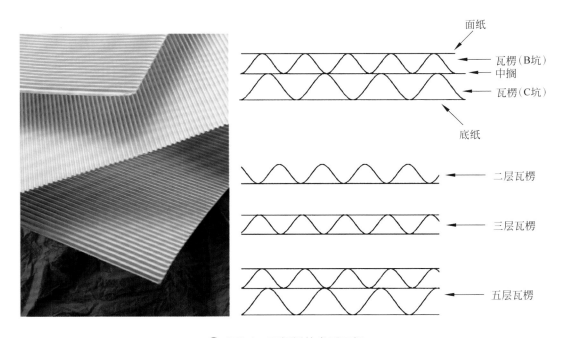

⊕ 图3-1　瓦楞纸的类型图解

6. 铝箔纸

一般用来作为高档产品包装的内衬纸，可以防止紫外线照射，防潮，耐高温、阻隔效果好，能有效延长商品的使用期限。

7. 牛皮纸

牛皮纸是用针叶木硫酸盐本色纸浆制成的，质地坚韧、强度大、纸面呈黄褐色的高强度包装纸。从外观上可分成单面光、双面光、有条纹、无条纹等品种，常作为小型纸袋、文件袋、工业品、纺织品、日用百货的包装用纸。

8. 玻璃纸

玻璃纸是一种广泛应用的内衬纸和装饰性包装用纸。它的透明性使人对内装商品一目了然，表面涂塑以后又具有防潮、不透水、不透气等性能，能对商品起到良好的保护作用。与普通塑料膜比较，它还具有不带静电、防尘、扭结性好等优点。

9. 艺术纸

这类纸张的色彩较为丰富,纸面一般含有各种肌理,由于加工制作工艺比较特殊,因此价格相对而言较为昂贵,一般只用作高档商品的包装,由于纸面常有凹凸纹理,油墨不能均匀地附着在上面,因此不太适合彩色胶印。

10. 环保型纸材

这类纸在使用后容易分解，可做堆肥也可回收重新造纸，环境污染度低。美国研制的保温纸可以将太阳能转化为热能，将食品包装后放在阳光下照射能把食品快速加热；日本公司生产的防腐纸，使用这种纸包装带卤汁的食品，可以在38℃的高温下存放3周而不会变质；豆渣纸和果渣纸，是利用废弃的豆腐渣、苹果渣制成可溶于水的纸；感水纸，经过特殊的表面处理，纸在被润湿后可以由不透明变为透明，能使消费者看清袋内食品，而在干燥状态下包装又能起到避光的效果等。

除了以上几大类常用纸张类型外，还有一些特殊型纸张，如：过滤纸、油封纸、浸蜡纸等。过滤纸一般用于袋泡茶的小包装；油封纸常用在包装的内层，对一些容易受潮变质的商品起到防潮的作用；浸蜡纸是一种半透明、不粘、不受潮的特殊纸张、多用作香皂包装的内衬纸（图3-2）。

箱板纸——适用于包装盒的衬垫　　　　　　　　　黄板纸——常用于裱糊内盒

⬆ 图3-2　各类纸质包装材料的应用

白板纸——直接用于印刷的纸盒材料　　　　　　复合纸——具有防水、防潮等功能

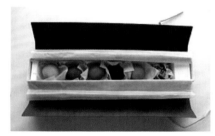

牛皮纸　　　　　　　　　　　　　环保纸　　　　　　　　　玻璃纸

⬆ 图　3-2（续）

3.2　纸质包装的成型结构

包装的立体造型和结构样式统称为包装结构，与其他材料相比，纸质包装材料更易于加工成型，纸盒结构变化丰富，印刷的适应性显著，因此，具有较强的产品展示功能。

3.2.1　纸制包装的造型特征

按照不同的功能与用途可分为：纸盒、纸袋、纸桶（筒）、瓦楞纸箱、纸浆制模塑制品、蜂窝纸板及其制品（图 3-3）。

1. 纸盒

纸盒的样式丰富多样，多用于独立销售，最常用的方法是按照纸盒的加工方式来进行区分。一般可分为折叠纸盒和粘贴纸盒，又可分为管式、盘式、管盘式、非管非盘式四类，并可以配合产品宣传和方便使用，增加一些功能性结构，比如组合、开窗、增加提手等。

2. 纸袋

纸袋是一端开口，由纸质或纸复合材料制成的扁平管状容器。纸袋在包装中使用量仅次于瓦楞纸箱的纸制

包装容器。其用途广、种类多，广泛用于商品的运输和销售包装。纸袋包装的优点是简便价廉，搬运携带方便，运输成本最低，对环境无污染，适于食品、零散商品和服装的包装；纸袋外表的适应性好，利于广告宣传；纸袋可重复使用，废弃纸袋又便于回收利用和处理。

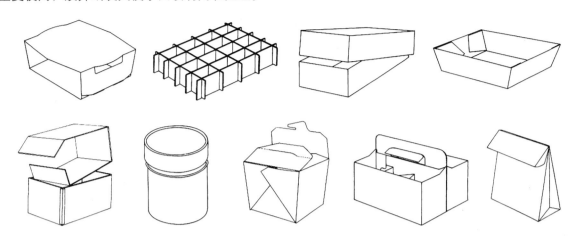

⊕ 图3-3　纸质包装的不同形态

3. 纸桶（筒）

纸桶（筒）的特点是废弃物易于处理，外表可进行不复杂的彩色印刷处理，又具有良好的陈列效果；不仅重量轻，而且保护性能优异；与金属罐相比，充填、包装加工过程中噪声小、安全性好。

4. 瓦楞纸箱

瓦楞纸箱是用瓦楞纸板制成的箱形容器，一般按照纸板瓦楞的楞形进行分类（A楞、B楞、C楞和E楞）；而在生产和制造瓦楞纸箱时，则按纸箱的箱型来加以区分，箱型结构在国际上普遍会采用由欧洲瓦楞纸箱制造商联合会（FEFCO）和瑞士纸板协会（ASSCO）联合制定的国际纸箱箱型标准。

5. 纸浆制模塑制品

纸盘多半是采用再生纸浆模压加工而成。经过模压加工的纸盘造型美观，生产效率高，在节省材料的同时降低了生产成本。包装的纸盘通常采用涂蜡、淋膜或具有一定抗水能力的纸板作为原料，因此可用于黄油、人造奶油或冷冻食品等的包装用纸。

6. 蜂窝纸板及其制品

蜂窝纸板是近些年发展起来的新型包装材料，是根据自然界蜂巢结构原理衍生而来，它是把瓦楞原纸用胶黏结的方法连接成无数个空心立体正六边形，形成一个整体的受力件——纸芯，并在其两面黏合面纸而成的一种新型夹层结构的环保节能材料。蜂窝纸板具有较好的缓冲性能，较高的平压强度和静态弯曲强度，隔音、隔热性能优良，易回收利用，成本低廉等优点。蜂窝纸板在包装中的应用主要有蜂窝纸箱、缓冲衬垫和蜂窝托等。

3.2.2　纸质包装的结构设计

在各类产品中，食品、化妆品、快餐用品、药品和礼品等产品最常见的外包装便是纸质包装。如今，随着制造工艺流程的不断优化，原本需要手工劳作的压印、划痕、裁切、折叠、黏合等工作被机械设计所替代，于是，折叠式包装因其节省材料与人力的低成本而成为纸质包装的主要结构（图3-4 和图3-5）。

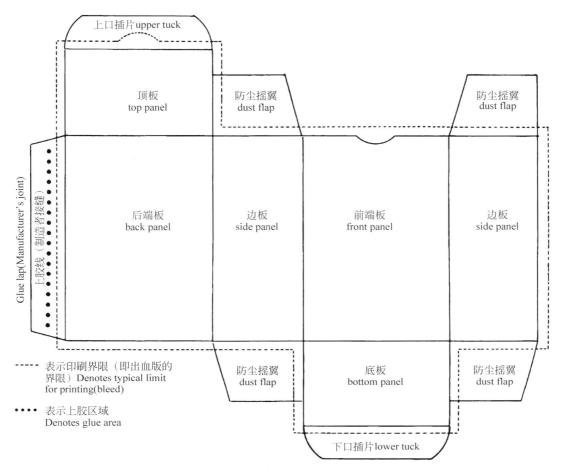

上口插片upper tuck

顶板
top panel

防尘摇翼
dust flap

防尘摇翼
dust flap

Glue lap(Manufacturer's joint)
上胶线（制造者接缝）

后端板
back panel

边板
side panel

前端板
front panel

边板
side panel

- - - - 表示印刷界限（即出血版的
界限）Denotes typical limit
for printing(bleed)

● ● ● ● 表示上胶区域
Denotes glue area

防尘摇翼
dust flap

底板
bottom panel

防尘摇翼
dust flap

下口插片lower tuck

图3-4　纸质包装的结构图解

1. 自动闭锁结构

折叠式包装的闭锁结构需根据产品的类别、体积、重量、使用方式等进行设计。只需一次性使用的外包装可采用拉锁条和撕拉条的封口设计，而经常需要打开的产品包装则需使用可重复封口式的闭锁结构。如图 3-6 所示的插缝式锁合结构，是利用两侧防尘摇翼与前后端板之间的缝隙来扣住上下口的插片。因此，在具体设计时要格外注意防尘摇翼的尺寸与缝隙的大小，除此以外，尽量减少黏合面，借助摇翼或插片的自身结构使包装开口闭锁也符合节能型包装对结构的要求。

2. 提携式结构

包装结构的最基本功能是保护产品，便于货运及消费者使用，因此包装的提携、悬挂等结构设计就成为卖场环境下的常见形式，定量包装的小零食、鞋袜内衣、厨房用品等都采用了悬挂式的产品包装，结构设计需要处处体现出人性化关怀，既便于消费者拿取，也便于商品归位，另有一些大体量产品的提携式结构则更多地考验包装结构的承重能力。

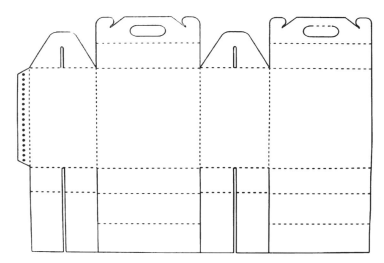

悬挂式结构
带悬挂板的正压翼管式盒

先将纸剪裁成形　　将A沿折痕折起，垂直于底面　　同理，将B沿折痕折起　　附于C部分黏合力

将C部分与D部分黏合完整　　聚焦底部　　将E部分向内翻折　　将底盖F插入缝隙，底部完成

悬挂口，将G翻折与H重叠　　将I向内折叠，压住G部分　　将顶盖插入，完成

⬆ 图3-5　纸质结构设计与制作演示图（2005届学生宋思琼制作）

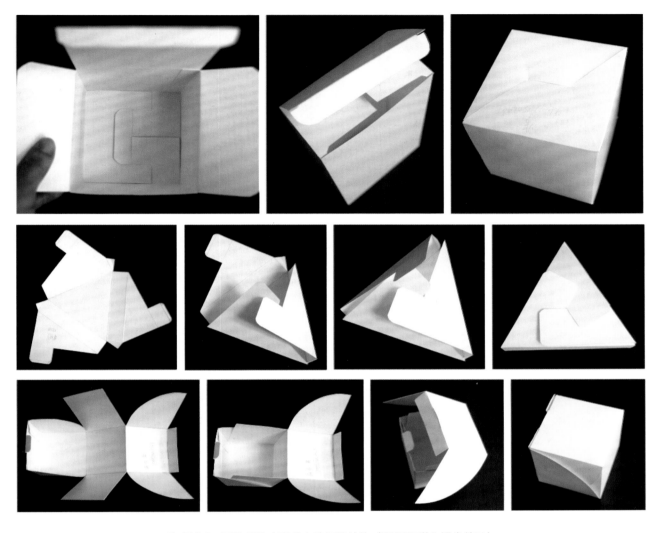

🔝 图3-6　不使用黏合面的自动闭锁结构（2007届学生课堂练习）

3. 装饰性结构

越来越多的婚庆包装、礼品包装、个性化包装在装饰性结构设计上投入更多的力量，常用的设计方法有开窗式结构、趣味性结构、局部装饰结构设计等。开窗性结构能使产品内容也成为视觉设计的一部分，与包装设计融为一体；趣味性结构侧重于从包装形态上凸显其特点，尤其在儿童产品上运用得更为广泛；局部装饰性结构往往体现在包装的闭合结构设计上，大多用来装饰婚礼用品。

4. 组合式结构

组合式包装是指由两件或多件包装盒组合而成的包装，一般用于化妆品、珠宝饰品、服装衣帽、糖果食品等高档物品的包装礼盒设计，以体现精美的设计定位。近年来设计款式层出不穷，罩盖式套盒、带间隔纸盒或是抽屉式等，包裹的材料从纸质扩展至纺织物、金属、木材等，力求突出包装结构的视觉效果（图 3-7）。

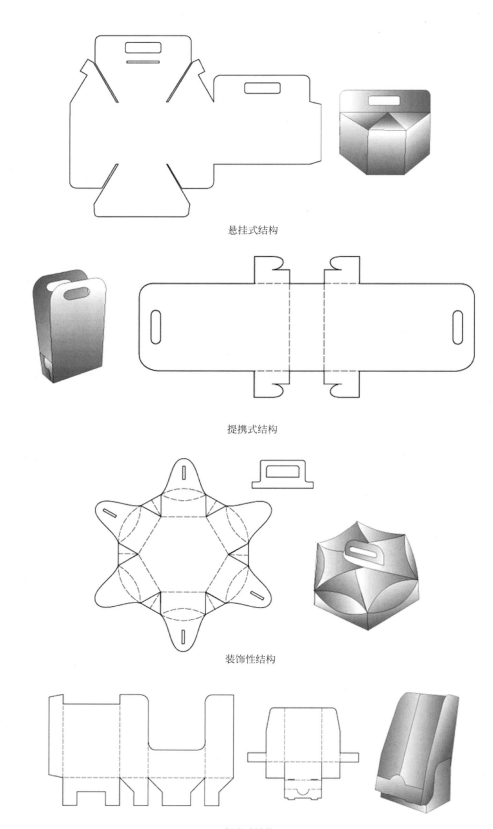

悬挂式结构

提携式结构

装饰性结构

组合式结构

🔼 图3-7 悬挂式、提携式、装饰性、组合式结构

3.3 其他材质的包装形态与制作工艺

除了纸质材料以外，包装按用途还可以分为塑料包装、金属包装、玻璃包装、木包装、陶瓷包装、纤维织物包装和复合材料包装等。其中，在目前的包装材料行业中，纸及纸板占 30%，塑料占 25%，金属占 25%，玻璃占 15%，这四类材料整合了近 90% 的包装材料市场，因此成为包装的四大主要材料。

3.3.1 塑料包装

塑料包装材料最大的优点，是能通过各种方法方便地调节材料性能，以满足不同的需要。塑料材料具有透明、光洁、平滑、易于塑型和印刷等特点，可以提升商品的陈列效果；塑料材料的耐腐蚀和高阻隔性，能有效提高对商品的保护；塑料材料还能制成复合薄膜及多层塑料瓶，质轻、不易破损，方便商品的运输与仓储。这些优势都使塑料包装材料的用量位居四大包装材料的第二位，仅次于纸质材料，并呈现逐年上升的趋势。

在各类塑料包装材料中，最常用的是聚乙烯、聚氯乙烯、聚丙烯、聚酯、聚偏二氯乙烯及聚碳酸酯（图 3-8）。

⊕ 图3-8 由美国塑料行业机构制定的塑料制品回收标志

1. 塑料包装材料的分类

（1）聚乙烯 (PE)

聚乙烯是世界上产量最大的合成树脂，也是消耗量最大的塑料包装材料，约占塑料包装用料的 30%。根据材料的不同特质，聚乙烯分为低密度聚乙烯和高密度聚乙烯两类。

① 低密度聚乙烯（LDPE）：透明度较好，柔软、伸长率大，抗冲击性与耐低温性较 HDPE 为优，一般用作服装和食品的包装袋；

② 高密度聚乙烯（HDPE）：具有较高的使用温度、硬度、气密性、机械强度、耐化学药品性等优点，多采用吹塑成型制成中空容器，用于盛装牛奶、果汁果酱、洗涤剂、个人护理产品和化妆品等。

（2）聚氯乙烯（PVC）

硬质 PVC 因不含或含有较少增塑剂，因此成品无异味，且机械强度优良，质轻，化学性质稳定，所以制成的 PVC 容器广泛用于饮料包装。其中，用注拉吹法生产的 PVC 瓶子无缝线，瓶壁厚薄均匀，可用来盛装碳酸饮料如可口可乐等。

（3）聚丙烯（PP）

聚丙烯薄膜是高结晶结构，不仅透明度高、光洁，且加工性能较好，主要用于制作塑料薄膜。目前，具有气密性、易热合性的聚丙烯的涂布薄膜及与其他薄膜、玻璃纸、纸、铝箔等复合的复合材料已大量生产，适合于包装瓶的瓶盖等防潮包装材料。

（4）聚酯（PET 或 PETP）

PET 是一种如玻璃一样无色透明又极为坚韧的材料，近年来 PET 发展迅速，耐热的 PET 瓶常应用于茶饮料、果汁饮料等需要热罐装的产品。

（5）聚偏二氯乙烯（PVDC）

PVDC 的特点是非常柔软，具有极低的透气透水性能，良好的热收缩性，耐酸、碱、化学药品，及油脂的保鲜和保香性能好，适用于长期保存食品，多用作盛装食品和药品的包装袋。

（6）聚碳酸酯（PC）

PC 无毒、无异味，阻止紫外线透过性能及防潮保香性能好，耐温范围广，在 − 180℃ 以上不脆裂，在 130℃ 环境下仍可以长期使用，是一种理想的食品包装材料。利用 PC 耐冲击性能佳、易成型的特点，可制造成瓶、罐及各种形态的容器，用于包装饮料、酒类、牛奶等流体物质。

2. 气调包装

用于果蔬食品包装的气调包装袋近年来进入欧洲市场，袋内氧气、二氧化碳和氮气的组合比例可根据不同果蔬食品的生理特性进行调节，如对易腐果蔬食品可用 80% ～ 90% 的氧和 10% ～ 20% 的二氧化碳。这种包装具有抑制酶活性、防止果蔬食品霉变、防止无氧呼吸引起的发酵、保持果蔬食品的品质、有效地抑制好氧和厌氧微生物生长、防止腐烂等优点，采用高氧气调包装袋包装鲜蘑菇，在 8℃ 的室温下，货架期可长达 8 天。

3. 塑料泡罩包装

泡罩包装是指将产品封合在用透明塑料薄片形成的泡罩与底板（用纸板、塑料薄膜或薄片、铝箔或它们的复合材料制成）之间的一种包装方法（图3-9）。这种包装方法是 20 世纪 50 年代末德国发明并推广应用的，最初是用于药片和胶囊的包装，解决了玻璃瓶、塑料瓶等瓶装药片服用不方便的问题。在欧洲各类药品包装中，塑料泡罩包装的用量增长很快，全球总需求也已超过 40 亿美元。

图3-9　XBOX游戏产品的塑料泡罩包装（Atlason设计作品）

4. 纳米包装

纳米技术在食品包装领域越来越受到人们的重视，纳米微粒具有较强的吸附性与杀菌性，如在包装材料中加入纳米微粒，可以使之产生更强的除异味、杀菌消毒的作用，延长商品的货架摆放时间。它还富有韧性和延展性，将纳米微粒加入陶瓷、玻璃或金属材料中，可增加陶瓷、玻璃或金属的材料韧性，使包装容器的加工性能大大提高。因此，采用纳米技术的包装未来将拥有更为广阔的应用前景。

如图 3-10 所示，由德国设计师 Ralf Schroeder 为耐克空气鞋设计的一款充气包装，在透明的塑料隔层之间充入空气形成气垫，不仅表达了耐克运动鞋减少空气阻力的设计理念，也使产品能完整地展现在消费者面前。

⬆ 图3-10　耐克空气鞋的包装设计

3.3.2　金属包装

金属材料用于包装，最大优势在于相对于纸类、塑料、玻璃等材料，金属材料的强度更大、刚性更好，并不易破裂，因此，用金属薄板制成的金属容器拥有更优质的阻隔性、阻气性、防潮性、遮光性、保香性和密封性，可以长时间保持商品的质量。此外，金属材料还有极好的可塑性，在机器外力的作用下，金属坯料容易产生拉伸变形，以此获得所需的尺寸与形态。同时，金属容器的印刷效果也格外突出，图案或商标在印刷后鲜艳美观，能达到非常好的货架陈列与展示效果。因此，金属材料已经成为包装工业中消费量较大的包装材料。

金属容器的类型大致分为金属罐、金属软管、金属桶和金属箔，其中以金属罐最为常见。也可细分为印铁制品（听、盒）、易拉罐（马口铁三片罐）、气雾罐（马口铁制成精美的药用罐、杀虫剂罐、化妆品罐等）、食品罐（罐头、液体或固体食品罐等）和各类瓶盖（马口皇冠盖、旋开盖、铝质防盗盖）。

金属罐的首次出现距今已有两百多年的历史，19 世纪初法国商人产生了制造密封罐来存放食物的想法，1825 年，美国人肯塞特获得了生产马口铁罐的专利权，此后，金属罐在英美两国开始了大量生产，用以封存海鲜、肉类、水果和蔬菜等急需保鲜的食品。直至 20 世纪 30 年代初，美国率先尝试生产啤酒金属罐以及专用灌装线，也就是我们常说的"三片罐"。"三片罐"是由马口铁皮制作而成，罐子的顶部、中间和底部结构分三部分独立成型，罐体上部呈圆锥状，罐盖由最初的冕状罐盖逐步改进为铝制环形盖。到了 20 世纪 50 年代，美国俄亥俄州 DRT 公司的艾马尔·克林安·弗雷兹（Eenie.C.Fraze）发明了"两片罐"，也称为铝制易拉罐，不仅改变了金属罐的材料，还开创性地设计出一体化的罐盖。这一发明使金属容器经历了 150 年漫长发展之后有了历史性的突破。如今，铝制易拉罐每年的销量已超过 1800 亿只，成为世界金属罐总量（约 4000 亿只）中数量最大的一类（图 3-11）。

⬆ 图3-11 百威灌装啤酒的易拉罐设计（1876—2011年）

3.3.3 玻璃包装

玻璃包装是将熔融的玻璃料经吹制、模具成型而制成的透明容器，其主要特点是能够通过改变容器的形状、色彩和透明度，展现更为丰富的视觉效果。玻璃容器也是绿色、健康的包装容器，耐腐蚀、耐热，不易与内装物发生化学反应，有色玻璃还能过滤有害的紫外光，抗污染能力强，能有效保护内存物。玻璃还是100%可回收再利用的包装材料，根据美国玻璃包装协会提供的数据，利用10%回收的碎玻璃做原料生产玻璃容器，就能降低2%～3%玻璃熔炉的能量消耗，因此，目前各国的玻璃包装工业普遍都利用回收的碎玻璃作为生产原料，既节能又环保。

玻璃容器在香水和各类化妆品的包装中可谓是发挥到极致，自16世纪威尼斯工匠学会吹制玻璃之后，玻璃可以被制成多种形状，乳白玻璃、金银细丝玻璃等也得到了迅速发展，各类玻璃加工工艺（如切割、雕刻、上色、镶嵌等）更使玻璃容器超越了传统，不但能呈现陶瓷、水晶、大理石等多种材质的效果，以及红、绿、蓝、金色、琥珀色、紫罗兰和紫色等丰富的色彩，还能体现波西米亚、意大利米兰、马尔第等异域的风格，这些都使玻璃容器成为高品质的象征。

与纸制容器、塑料容器和金属容器相比，玻璃包装虽然所占的市场份额并不高，但仍然在某些产品包装中表现出更显著的竞争优势。据欧洲玻璃包装联合会（FEVE）对欧洲消费者所做的调查显示，75%以上的消费者更喜欢玻璃包装，认为这是一种最自然的包装容器，代表人们健康和可持续的生活方式。另有调查显示，70.9%的欧洲消费者习惯选择玻璃瓶装的葡萄酒，46.7%的消费者更青睐选择玻璃瓶装果汁饮料。由此可见，玻璃包装容器的进一步拓展能提升饮料等传统食品的销售量，并推动未来玻璃工业的发展（图3-12）。

⬆ 图3-12 伏特加的经典玻璃瓶（资料来源于伏特加官网）

3.4　以人为本的新型包装材料

科技的演变促进了各类新型包装材料的诞生，包装形态也随之出现更为丰富多样的变化，而这些创新归根结底，始终是以改善人们的生活和环境为核心。美国作家贾尔斯·卡尔弗曾在《什么是包装设计》（*What Is Packaging Design*）中提出包装所涉及的环境问题是影响人们生活舒适的直接因素。 因此，纸质、塑料、金属和玻璃等包装材料的生态化将成为未来包装发展的必然趋势。

3.4.1　降解再生的纸制包装

美国盘古有机公司（Pangea Organics）设计的有机匹配礼盒包装获得了 2009 年杜邦包装创新奖。它将可再生、回收、生物降解的纸箱和标签、植物油墨和植物的种子等各种有机产品组合在一个假日礼盒里，消费者可以在使用后直接把包装废弃物种植在泥土里自行降解。2010 年，中国"两会"首次试用由石灰石中的碳酸钙和高分子聚合物为基材的"石头纸"。这种纸张可在光照下 3 个月便可降解为石头粉还原为土壤，不会造成环境污染等问题。

3.4.2　智能安全的塑料包装

人们对食品安全的日益关注，以及对减少易腐烂食品和药品损失的强烈需求，刺激了世界智能塑料包装在食品和饮料包装两大市场的发展。美国光学涂料试验中心和 PA 技术公司研制出一种变色塑料薄膜，包装商品一旦被动用，彩色薄膜变成灰色，为消费者提供警示信号。美国 RUTGERS 大学开发的智能微波加热包装也特别受消费者欢迎，智能包装将食品加工的信息编入包装的信息码，由微波炉上配备的条形码扫描仪和微处理器来获得这些加工信息，以此控制微波炉的加热效果。

3.4.3　自动控温的金属包装

威瑟夫公司（Joseph Company International）开发的自冷罐，采用了一项热量交换系统（HEU）的专利技术来达到饮料罐自动降温的功能，使用者只需拉动罐子上的拉环，饮料罐温度就可以在 3 ～ 5 秒内迅速降低15℃ ～ 20℃。同样，日本也研制成功自加热清酒罐，通过水与生石灰的化学反应产生热量。饮用前，只要用一根"附用"的塑料小棒从下部的小孔中插入，水立即就会和生石灰混合在一起并产生热量，3 秒内能把一罐清酒加热到 58℃。

3.4.4　节能轻量的玻璃包装

与塑料材质的容器相比，玻璃容器更符合轻量化的发展趋势。那是因为硬质塑料的轻量化会使瓶壁又软又薄，消费者的握感会随之变差，而玻璃包装的轻量化反而使玻璃瓶摆脱了笨重感，带给消费者更好的消费体验。轻量化的玻璃包装是在确保玻璃包装的造型和强度的前提下降低玻璃容器的重容比，以减少壁厚来实现节省原料、减轻重量的目的，其中，玻璃原料成分的精确控制、熔制全过程的精密控制、小口压吹技术（NNPB）、瓶罐的冷热端喷涂、在线检测等先进技术，是实现瓶罐轻量化的根本保证。在欧美日等发达国家，轻量瓶已是玻璃瓶罐的主导产品，如德国 Obedand 公司生产的玻璃瓶罐，其中 80% 是轻量化的一次性用瓶。

第 4 章
包装的信息视觉设计

在各类品牌层出不穷、同质化产品竞争日趋激烈的消费品市场中，包装设计会给受众带来最直观的视觉感受，并在第一时间内影响着消费者的消费决策。产品包装的视觉形象、文字、图像、色彩等元素融为一体成为商品的直销员和产品企业的代言人。所以，视觉信息设计无疑是产品包装设计中非常重要的部分。

包装的视觉信息设计究竟该遵循怎样的设计原则，采用怎样的设计方法，创造怎样的设计风格，才能使产品包装脱颖而出呢？我们需要在设计中解决以下问题：

- 各个包装面上的视觉信息是否能与包装形态相吻合？信息安排是否合理？
- 视觉信息的编排是否能做到层次分明、条理清晰、易读易懂？
- 产品包装的主视面是否清晰地展示了产品、品牌、广告等信息？
- 其他包装展示面是否完整、恰当地罗列了产品的相关信息（包括图示说明等）？
- 包装的色彩、文字、图像等视觉元素是否能凸显产品特征？
- 系列化产品的视觉信息设计是否能形成统一的视觉效果？
- 产品包装的整体视觉设计是否能区别其他同类产品，有突出的货架陈列效果？

4.1 包装信息设计的基本原理

4.1.1 二维平面构图的立体表达

当我们以设计者的视角接触包装成品时，我们意识到如果按照传统平面设计的理念很难构想出完整的包装设计草图，那是因为包装的视觉设计已经不再是单纯的二维构图，而是将平面设计立体化的过程。每一个包装展示面上的信息都是构图中的一部分，在包装结构完全展开时，展示面上的视觉信息或许无法立即形成完整的图像，只有在闭合包装结构、呈现立体的包装形态之后，视觉信息才能在我们翻转包装的各个展示面时得到延续和扩展。因此，要做一名合格的包装设计师，就得先要习惯于将二维构图的原则应用于三维的产品包装中，并能在头脑中映射出真实立体的展示效果，这也是初学者觉得较难把握的方面。

理解二维平面设计的构图原则是做好包装信息设计的基础。平衡、对比、重量、排列、层次、质地、正负形等常用的平面构图方法，能将视觉元素重新组合、排列与编辑，以产生赏心悦目、与众不同的视觉效果。

4.1.2　信息与结构的有效组合

不同于单纯的二维平面构图方式，包装设计需更多地考虑部分与整体的关系，就一个六面体的盒型而言，主视面的产品信息与其他立面的视觉信息之间存在着互补的关系，各个展示面之间还可能存在图像、色彩、文字或编排的延伸。同样，即使是一个容器的标贴设计，也不仅只着眼于标贴自身的形态设计，还需考虑标贴与容器、外包装、组合包装等之间的匹配度。总之，完整的包装视觉设计既要注重局部的形象设计，保持相对的独立性，也要顾全其他方面，使整个包装形成一个视觉整体。

4.1.3　系列化包装的整体平衡

各产品企业为满足消费者多样化的产品选择，扩大产品品牌的市场占有率，往往会开发某一主题的系列化产品，在提升货架的产品陈列效果的同时，增加品牌视觉形象的受众认知度。系列化产品是指同一品牌，不同种类、规格、形态与材料的产品系列，因此，如何既能体现单个产品特征差异，又能在品牌元素、编排方式、图像与图案等方面形成统一的视觉效果是包装设计师重点考虑的方面。除了主品牌的系列产品以外，延伸品牌的系列化产品在包装视觉信息设计中还得与主品牌产品在包装形态、视觉元素、设计风格等方面保持协调与平衡，这也是系列化产品视觉设计的难点。

4.2　文字设计

4.2.1　中文与西文的并存设计

1. 中文的字体结构

从早期的绘画图像发展到印刷字体，汉字经历了漫长的发展历程，汉字的书写都始终遵循一定的规律——间架结构，所谓间架结构指的是笔画之间、偏旁之间的搭配关系和组织原则。不论是单体字还是合体字，不论是手写字体还是印刷字体，汉字虽然笔画或是偏旁式样繁多，每个汉字都是千姿百态，但总的字形上都离不开方形，要把笔画和偏旁都纳入一个方形内，才能使字形匀称美观（图4-1和图4-2）。

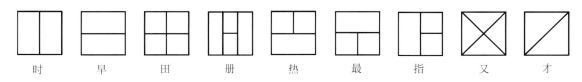

⬆ 图4-1　汉字结构图

⬆ 图4-2　常用的中文印刷字体（黑体、宋体、幼圆、魏体、隶书、楷体等）

2. 丁字母的形态特征

拉丁字母的基本结构相较与中文的四十多种间架结构来说就简单得多了，所有的英文单词都来源于 26 个字母之间的搭配与组合。然而，与汉字单一方正的外形不同的是，拉丁字母在宽度上并不一致，形态也差别明显，如图 4-3 所示，正三角、倒三角、圆形、长方形和正方形，几何图形构成了拉丁字母的基本特征。

🔼 图4-3　拉丁字母结构图

我们会发现大多数英文字母的排列工整度不如中文字体，这就需要在实际的字体设计中将字母的字间距参考进去，字间距的多与少将直接影响到字体排列的工整与否。尤其是在字母组成具有特定含义的单词之后，英文字母的图形化特征尤为明显，拉丁字母的音律感便表现得非常强烈，这种强烈而工整的音律感是汉字在编排上很难达到的，这也就是为什么初学者往往觉得英文比中文更容易设计与编排的主要原因（图 4-4）。

typography　**typography**　*typography*　*typography*

TYPOGRAPHY　*typography*　typography　typography

🔼 图4-4　常用的英文印刷字体（Arial、Bauhaus、Colonna MT、Edwardian等）

3. 中西文并存的设计原则

（1）字号：同号的英文字比中文字略大

我们在中英文编排的时候常常会发现一个问题，在汉字与字母的字号相同的情况下，字母比汉字具有更强的体量感，以至于从整体视觉效果上会让人明显感觉到英文字比中文字更大，因此，为了避免出现这样的情况，当进行双语编排时我们要注意尽量将英文字号调整得比中文字略小一些（图 4-5）。

中文14号黑体字体　　English No14 Arial Type

🔼 图4-5　同号汉字与字母的视觉大小对比

（2）宽度：等宽的中文与非等宽的英文

由于中文在字形结构上相对规整和单一，因此，等宽字体在中文字形的编排设计中并不难理解，但英文字母除了个别字形以外，大部分拉丁字母都属于非等宽字体，简而言之，英文字母的宽度互有一定的比例。为了能使中文与英文字在易读性上能形成统一，在字宽的设计方面得做分开处理（图 4-6）。

中文14号黑体字体　　English No14 Arial Type

🔼 图4-6　汉字与英文字母的宽度对比

（3）字距：字距的疏密与中英文的识别性

就我们的阅读习惯而言，中文的字间距或大或小并不影响对文字含义的理解，但英文由于拉丁字母的非等宽性，字母与字母之间的距离对单词的可识别性起到非常重要的作用。如果一个单词的字间距过宽，那么阅读者就会将其看成是分开的单个字母，而不再是一个单词，会令人感到难以辨认，从而产生阅读困难（图4-7）。

字间距太密
English No14 Arial Type

字间距太松
English No14 Arial Type

◐ 图4-7　英文单词的字间距对比图

4.2.2　包装设计的文字内容

文字是包装向受众传递与产品相关信息的最直接的方式，包装上的文字信息必须完整、准确、清晰地告知消费者产品和品牌名称、产品描述、广告宣传、成分说明、提示或警示信息，以及生产厂家等内容（图4-8）。

品牌名称 —

产品名称 —

辅助文字 —

品牌商标 —

产品描述文字 —

条形码 —

— 广告宣传文字

— 净重说明

— 辅助文字

◐ 图4-8　"白猫"产品包装的文字信息（2010届学生董蕊、诸芳芳小组作品）

1. 产品与品牌名称

产品名称通常会定位在包装主视面最醒目的位置，以便消费者能在第一时间辨别出所需要的产品类别。其次是品牌信息，品牌的名称与图像化的文字都是代表着产品生产商的形象，如果该产品的品牌是企业主品牌下的延伸品牌或子品牌，也必须在这类文字的布局中表达明确。

2. 产品描述文字

产品描述类文字是用于向消费者介绍包装内盛物的品种、口味、成分或特点的文字内容，常与产品宣传类文字一起作为推荐新产品的手段，让消费者了解该产品与其他同类产品的差别和优势，促进消费者做出首次购买选择，或是成为其重复购买的理由。

3. 产品宣传文字

产品的宣传文字往往会以醒目的方式标注在包装展示面上，其中包括"加量不加价"式的促销广告、人们熟悉的产品广告语、产品相关的活动信息等，以达到凸显产品个性、获得消费者好感、推进购买行为的目的。值得注意的是，宣传文字的设计不能喧宾夺主、超越产品与品牌信息，应与包装的尺寸大小、主题文字的位置保持均衡与协调。

4. 辅助说明文字

其他与产品相关的文字都属于辅助说明性文字，例如产品的营养成分、主配料和辅料、生产厂家、客服联系方式、产品使用方法、质量保证信息等，尤其是某些需要特别提醒消费者注意的警示用语都必须按照专门的规定及要求进行规范管理。

4.2.3 包装文字与版式的设计原则

1. 限定文字的字体种类

谨慎考虑传达一个设计概念需要多少种字体，例如主视面一般最多采用三种字体。对字体种类加以限制，可以使视觉设计所传达的信息更具有统一的视觉效果，增强消费者的识别度。如图 4-9 所示，CURLY MERINGUE 和 MICHIGAN SALT 的产品外包装，均采用了三种字体的编排，并由大到小分别表示了产品名称、产品品牌和产品描述，传达信息准确清晰，使消费者一目了然。

🔼 图4-9 CURLY MERINGUE和MICHIGAN SALT产品包装的字体

2. 确定文字的对齐方式

文字的对齐方式会影响版面设计的整体结构，不论是居中、左对齐、右对齐或两端对齐，文字排列都会导致完全不同的传达效果，包装的结构形态、展示陈列的方式也决定了应该采用何种恰当的文字对齐方式。

3. 变化文字的缩放比例

文字的缩放比例是指文字尺寸的放大或缩小，文字之间的比例关系表达了信息传播的重要程度。字体较小且编排较为松散的文字内容传递的是次要信息，而字体较大且排列紧密的文字内容传播的则是重要信息。

4. 选择文字的对比效果

字体式样的鲜明反差——细化和粗体、斜体和罗马体、有衬线和无衬线，相邻文字之间有明显的对比和不同，有时也会创造更具观赏情趣的视觉信息。UGLY MUG 品牌的咖啡包装的文字采用了强烈的对比关系，在不同的展示面上将产品的品牌、内容、宣传等信息进行有序编排，增加了产品包装的视觉冲击效果（图 4-10）。

⊕ 图4-10　UGLY MUG咖啡包装的文字设计

5. 尝试字体的创新设计

对字体风格、字符、字母形式、字间距进行创新设计，可以为包装设计创造出与众不同的品牌形象，凸显独特的品牌视觉效果。如图 4-11 所示，"优品"袋装茶的品牌标识采用了中国传统风格的字体设计，结合水墨效果的图像，打造出了具有鲜明的中国特色与品牌形象的茶包装。

⊕ 图4-11　"优品"茶叶包装的标识字体设计（2006届学生王莉小组作品）

4.3　色彩设计

4.3.1　色彩视觉的属性特征

人们产生色彩视觉主要取决于三大要素：光、物体对光波的吸收与反射、眼睛。从色度学的角度来看，光首先作用于物体表面，当部分光波被吸收的同时，仍有部分反射光折射进入到人的眼睛，经由视网膜、视神经传达到大脑视觉中枢，从而产生色彩视觉，据美国国家标准局测量结果显示，不同波长的光线按不同比例相互混合之后，能使人眼感知到一千万余种颜色（图4-12）。

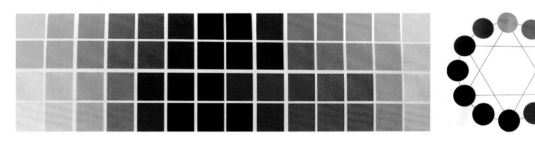

⊕ 图4-12　色彩的调和与对比

色彩本身所具备的色相、明度、纯度三个属性，是人们进行色彩识别的基础，各类色彩设计都离不开这三重属性的合理调配。

（1）色相：色彩的相貌或名称，如红、橙、黄、绿、蓝、靛、紫，这些名称都是色相的具体表现。在各种色彩中，红、黄、蓝三原色可以根据适当的比例搭配成其他各类色彩。

（2）明度：色彩的明暗程度，明度的变化可以通过白、黑颜料来混合。如若在其他颜色中混入白色，可提高混合色的明度；若在其他颜色中混入黑色，则可降低混合色的明度；灰色属于中性色，不同明度的灰色体现出不同的明度序列。

（3）纯度：颜色的纯净、饱和程度。如当红、橙、黄、绿、青、紫六种波长的色光等量混合时能形成白色光，若增加其中某种波长的色光分量，就会显现该光色的色相，其纯度也会相应增高。

色彩正是因为各自鲜明的属性特征，才成为使人产生深刻记忆的视觉要素。英国著名心理学家格列高里在《视觉心理学》一书中指出："颜色知觉对于我们人类具有极其重要的意义——它是视觉审美的核心，深刻地影响我们的情绪状态"。色彩作为一种物理现象，本身并不具有含义，但我们在长期生活中所积累起来的视觉经验，能使我们感受到色彩所蕴含和传达的丰富情感，并自然而然地接受色彩所带来的心理暗示，产生相应的情感联想。

4.3.2　包装色彩语言的情感效应

当消费者接触产品时，包装便成为具有交互功能的动态媒介，包装色彩会随着消费者的眼观、手触、耳听等带来全方位的感受，因此，包装色彩所产生的情感效应并不仅限于视觉，还包括听、味、嗅、触等多感官的相互交融，以此激起消费者的购买欲望。

1. 色彩的视觉联想

人们对色彩视觉存在着一定的共识，即色彩能够体现冷暖感、空间感、轻量感等视觉联想。

色彩的冷暖感：红、橙色往往会与太阳、力量、爱情联系在一起象征着温暖幸福、欢乐热烈的浓烈情感，在包装色彩的视觉效果中占据优势，常被用作吸引注意力的有效手段，中国的节日礼品包装红色是必不可少的喜庆色。蓝紫色则象征着自然环境下的蓝天大海、冰天雪地，代表着纯净、理性、镇静、智慧、尊严、宗教和神秘等特征，是科技类产品、卫生用品或是冷冻食品常用的包装色。黄、绿色有着理想、健康、生命、自然和安宁的寓意，给人如同春天里的太阳般温和的体感，介于红橙色和蓝紫色之间，主要用于家庭用品与健康食品的包装。

色彩的空间感：色彩的明度与色相是造成色彩空间感的主要因素。通常我们把暖色或是明度较高的颜色称为前进色，前进色比后退色感觉更醒目更活跃。而冷色或是明度较低的颜色则称为后退色，可作为背景色，以起到烘托主题的作用。因此，包装设计中冷暖色对比的搭配会更有利于凸显主题。

色彩的轻重感：人们常常会感觉明度低的深暗色彩质地重，而高明度的浅色质地轻，同样大小的包装，蓝色包装要比黄色包装显得重，黑色包装要比白色包装显得重。因此，售价不菲的高端化妆品往往会在包装用色上采用黑色、褐色、暗红色等，这与包装的产品内容与品牌定位有着密切的关系。

2. 彩的味觉联想

根据日本的一项测试显示，受访者在不经过尝味仅凭包装色彩进行内容物识别的过程中，80% 的人认为红色的包装盒是辣味型，而黄色的包装盒则是甜味型。测试研究同样发现，人们对于味觉的色彩感受具有很大的共性，即人们的味觉经验已经形成了相对固定的色彩联想，如在食品包装方面，红色、橙色给人甜味和辣味感；黄色、绿色会让人感到酸甜；茶色、黑色则联想到苦涩味。此外，色彩还要与图形相结合表现味觉，如暖色系与圆形结合有松软的感觉，适用于蛋糕、蜜饯等包装中；冷色与方形、三角形则带来硬、脆的感受，常用于冷冻商品的包装（图 4-13）。

3. 色彩的触觉联想

触觉指的是人的手、皮肤等触觉器官与物体相接触时，产生触觉的多重心理反应。虽然色彩只是依附于物体的表面之上，但是在长期的视觉和心理记忆的联想下，色彩便会让人感受到相应的触感。高明度的色彩、低

图4-13　色彩的味觉联想

纯度的色彩搭配在一起时，人们看到会觉得质地柔软；低明度、高纯度的色彩质感更坚硬；高明度、高纯度的色彩给人感觉更尖锐；低明度、低纯度的色彩更能表现钝拙感。除此以外，色彩属性邻近的搭配感觉平整细腻，色彩属性差异大的搭配则会显得粗糙不平。

4. 色彩的嗅觉联想

包装色彩情感与嗅觉的关系与味觉大致相同，通过气味可以引起对色彩的联想，嗅觉印象在人的记忆中能保存更久的时间。通常当人们嗅到香甜的气味，会联想到红色、橙色等暖色；嗅到檀香的气味，会联想到土黄色、茶色；嗅到薄荷的气味，想到绿色。能够引起嗅觉感的包装设计会加深消费者的印象，这就使得色彩情感与嗅觉联想的应用在包装中显得尤为重要（图4-14）。

图4-14　STENDERS品牌的香烛包装（2006届学生沈佳菁、陈宇妍小组作品）

5. 色彩的听觉联想

色彩的明度、纯度与音乐的明快感和忧郁感有关，鲜艳的色彩明度较高，有扩张感，会让人们产生明快的听觉联想；灰暗的明度低的色彩则有忧郁低沉感、有收缩感；纯度高的暖色犹如音乐中的大调式，体现音乐的前进感。冷色调如同小调式，体现宁静、暗淡的感觉。同样，色彩的对比也可以表现乐感，对比强烈的色彩效果会让人联想到欢快、激昂、节奏激烈的乐感（图4-15）；对比较弱的色彩效果与柔美、飘逸、悠扬、典雅的乐感相对应。

🔾 图4-15　G&Z音乐光碟包装的标识设计（2009届学生吴怡作品）

4.3.3　包装色彩的设计原则

1. 包装色彩要符合产品的特征

包装在确定主色、选择配色、组合应用等方面能够很好地体现产品特征和品牌个性，以使其在同类产品中具有突出的识别性。

2. 色彩要考虑产品的销售环境

色彩的设计需要考虑在销售环境中照明设施、空间高度、货架照明、光线质量、灯光颜色等因素的影响，这些因素会影响消费者对产品包装的感知。

3. 系列包装的色彩搭配方案相一致

同一品牌的系列化产品包装在包装结构、材料和衬底上都需要运用统一的色彩搭配方案，以便在多个产品叠放和货架展示中取得良好的视觉效果。

4. 电脑显示色彩和印刷颜色效果相一致

同一种颜色会因为电脑屏幕的不同而产生不同的显示效果，因而在最终打印之前需做好颜色的校对，以确保印刷效果和设计效果的一致。

4.4　图像设计

4.4.1　包装的图像类型

1. 产品形象

产品形象是受众优先从包装中获取的信息。因此，在一般情况下产品图像会放置在包装最醒目的位置，图像的大小会占据主视面的 50% 或更多的面积，以摄影或是绘画的写实表现手法，将产品实体的局部放大，印制在纸质包装的展示面上；另一种有效的做法是通过贴合产品形象的开窗式结构设计，让消费者一目了然，直接感受到产品的外形、品质、色彩以及质感等。总之，以产品形象为主体图形可以更快速地传达商品信息，帮助消费者方便地识别所需要的商品类别（图 4-16）。

🔶 图4-16　crocs鞋盒包装（2005届学生费幸佳小组作品）

2. 品牌标志

产品的品牌图形是商品包装在销售、流通中身份的标识，对于一些著名品牌的产品包装来说，产品品牌在包装上的出现，可以最大限度地利用纸质包装有限的展示空间进行品牌信息的传递。但是，也有不少产品包装不论在品牌标识、结构造型、图形图像等方面与其他同类产品过于相似，导致消费者产生混淆，做出错误的购买决策。因此，在消费品市场同质化现象日趋普遍的今天，产品的品牌标识、品牌色彩与品牌口号等方面的设计比以往任何时候都更需要体现出鲜明的特征和强有力的竞争优势（图 4-17）。

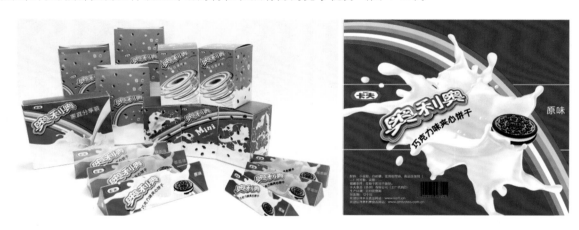

🔶 图4-17　奥利奥儿童饼干包装（2008届学生冯思杰、贺唯小组作品）

3. 产地特征

对于许多具有地方特色的传统产品，或是食品、电子产品、医药用品等消费者对安全因素考虑较多的产品，其产地形象也就成了产品品质的保证和个性化的象征，具体表现在包装的图形图案、色彩组合或是整体风格的设计上，澳洲的自然与健康、欧洲的简约与时尚、日本的"和式"地域传统，以及美国的自由与多元文化等都表达了不同的产地属性。如图 4-18 所示，作为上海名牌的光明牛奶，包装的再设计着重于采用上海的标志性符号来体现上海的地域特点。

图4-18　上海光明牛奶包装（2008届学生陆佳贇、曹天慧小组作品）

4. 原料成分

有些产品虽然在包装结构和外形上没有明显的差异，但在生产过程中由于添加了不同的原材料，致使产品的口感或是特征发生了也众不同的变化，此时，我们可以在包装设计中借助图形来体现产品的特殊性。如果味饮料、Opex 水果口味派食品的外包装将插图和巧克力、水果、香草的照片相结合，构成了包装上的画面场景以及与众不同的原料成分（图 4-19）。

图4-19　果味饮料、Opex水果口味派食品的包装

5. 指导说明

根据产品使用的特点，在纸质包装上展示商品使用对象、使用方法或程序，可以帮助初次使用此类产品的消费者准确地使用商品，有助于突出商品功能特点。同时，产品的警告与危险提示，使用后的再利用以及回收方式提醒等都是指导性插图应起到的诠释作用。如图 4-20 所示，宠物粪便处理垃圾袋的包装侧面采用了指导性画面，用于演示如何打开和关闭包装袋的方法，简洁明了的指导性图像能够帮助消费者方便地获取产品使用的说明信息。

6. 广告图示

平面广告或是视频广告常会邀请适合该企业形象的名人，或是品牌的卡通形象做产品代言，同样，用于品牌宣传的人物角色也会出现于产品外包装，以彰显产品和品牌魅力。除此以外，新产品推荐、促销广告、产品口号等形式的广告图示，也是为了引导消费者注意并吸引购买的有效方式。

☝ 图4-20　宠物粪便处理垃圾袋的包装

4.4.2　图像功能与表达方式

　　包装图像不论是产品形象、品牌标识、产地特征、原料成分、指导说明或是广告图示，都是为了向消费者描述产品的特征、营造产品使用的情景和建立产品品牌的信任度等，以使产品的整体形象能与消费者的消费预期相一致，在取悦消费者的同时，也促进了产品的销售。因此，在当今的科技环境下，多元化的图像表达方式创造出了千姿百态、风格迥异的视觉效果。

1. 商业摄影作品的数字化表现

　　为了展现产品的真实样貌，以增加消费者对产品的信任感，包装图像常常会采用商业摄影的实物拍摄、数字媒体技术的后期处理的方式进行视觉呈现。拍摄后的影像通过抠图、滤色、去瑕疵等过程可与背景插图或是其他实物照片组合起来，表达各种奇思妙想（图 4-21）。

☝ 图4-21　fixa品牌的厨房用具包装

2. 人物角色和插画的彩绘风格

除了实物拍摄，品牌标识、产品内容、角色代言等，也可采用手工彩绘的方式呈现，据一项图像认知的实验表明，在餐具包装盒上分别放置风景照片和经典名画，在这两种风格的图像中，相比风景照片，消费者会对经典名画的图像产生更多好感，并由此表现出对该产品的青睐。可见，柔和的彩绘风格往往更能在消费者心目中营造一种更具亲和力的情调和景象（图4-22）。

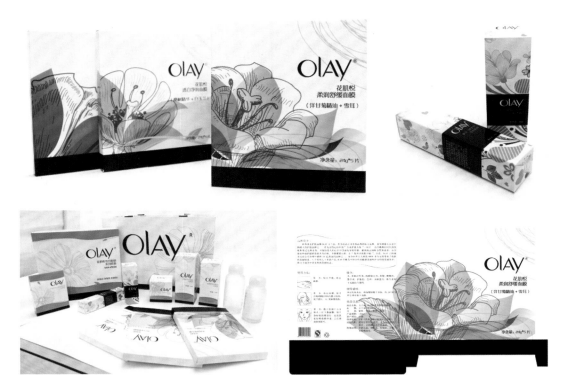

🔅 图4-22　OLAY化妆品包装（2010届学生李和娟、余倩小组作品）

3. 平面几何图案的创意组合

另有一些时尚精品、餐饮或日用品的外包装也常常会采用平面几何元素，如线条、形状、颜色、质地等平面图案的设计组合，加入色彩块面和简洁的线条，有助于协调包装设计的整体布局。由于减少了产品实物图像的视觉干扰，消费者可以更快速地获悉产品的类别与名称，使信息传达更加清晰且直接（图4-23）。

4.4.3　包装图像的设计原则

1. 图形设计要能够直接、恰当地反映产品的特征

不论是照片、插画、图标、符号和字符，都可以通过多种风格的表现，直接并恰当地传达产品或品牌的含义和个性，给消费者留下更有效的视觉印象。

2. 图形的选用应符合当地消费者的文化背景和消费心理

不同的地域文化会影响消费者的消费心理，图形的设计和选用需视文化而异。

⊕ 图4-23 "素花园"食品包装（2011届学生周骥颖作品）

3. 图形的设计和编排要能与包装整体布局相协调

基本的平面元素通过设计和编排，在与包装整体布局相一致的情况下，有助于优化视觉信息的版面安排，使产品信息传达更清晰更迅速。

4. 任何风格的图形符号的设计要能创造出丰富的视觉效果

包装设计中的图形符号的设计和选用可以使产品的包装获得出色的视觉效果，以便在同类产品中脱颖而出，成为消费者关注的焦点。

第 5 章
包装的陈列与展示

"即使是水果蔬菜，也要像一幅静物写生画那样艺术地排列。因为商品的美感，能撩起顾客的购买欲望。"从远古时期粗放的集市贸易，到如今琳琅满目的商品零售终端，这句来自法国的著名谚语充分表达了包装在货架陈列与展示空间中所担负的重要使命。现代商业社会的产品包装不再仅仅是独具匠心的设计单品，而是需摆放在更嘈杂更多元化的陈列环境中去展现它的商业价值。

- 商品的陈列环境有哪几类主要的形式？
- 包装陈列的空间、色彩、光影环境分别有哪些特点？
- 不同陈列空间对商品的包装设计有哪些要求？
- 包装陈列如何体现、延伸商品的品牌形象？
- 成功的包装陈列应该遵循哪些设计原则？

5.1　商品陈列的空间分类

陈列是从英文 Display 或 Visual Presentation 翻译而来，辞海解释为"把物品摆放出来供人观赏"，延伸至营销领域，商品陈列俨然已经成为借助艺术的表现手法展现商品魅力的一项营销手段。在此过程中，涉及了包装的视觉设计、消费者心理、人体工程学、品牌营销等多种知识领域，其中，如何在特定的商业空间展现商品包装的魅力是陈列的第一要素。

现代商品包装所处的陈列环境主要有以下四种。

5.1.1　购物中心

中国商业部对购物中心（Shopping Center、Shopping Mall）的定义是"多种零售店铺、服务设施集中在一个建筑物内或一个区域内，向消费者提供综合性服务的商业集合体。"在综合性商业集合体内的销售环境一般分为两种。

- 开放式销售形式：是指购物中心的入口大厅或是公共开放区域，这些区域的人流量较大，消费者驻足停留的时间长，通常会作为化妆品、鞋帽等商品的销售场地，更适合同品牌系列化产品的集中展示，利于在包装色彩和形态上形成整体化的视觉效应。
- 封闭式销售形式：是指入驻购物中心的各品牌专卖店，与公共开放区域相对分开，有自己独立的销售空间。这类店中店更适合做产品的橱窗展示，凸显产品包装的优势，以便营造出独具特色的品牌风格。

5.1.2 自选超市

自助式销售商店兴起于 20 世纪 40 年代末，美国人迈克·库伦于 1930 年 8 月创办了世界上第一家超级市场，提供给消费者自主选购商品的销售服务，从此，产品从柜台内跨入了消费者的视野，产品的识别性、包装的功能性与设计的艺术性由此受到企业和设计师的广泛重视。美国超级市场的快速发展，使得日、英、法等国家纷纷效仿，法国于 1963 年在巴黎创办了第一家大型超级市场——家乐福（Carrefour）。图 5-1 是 Ole'精品自选超市。

我国最早引入超级市场是在 20 世纪 80 年代初期，由于大多数超市规模小、商品品种少、消费者对新兴的消费购物模式不习惯等原因，导致了超市并没有如西方国家那样得以快速发展。直至 20 世纪 90 年代我国零售业发生了根本性的变化，随后世界第一的零售巨人沃尔玛进入深圳、家乐福进入北京、麦德龙进入上海等，加速了中国自选超市的扩展，渐渐使之成为人们日常购物的首选场所。

⊕ 图5-1 Ole'精品自选超市

自选超市对产品包装的要求如下。

● 开架式销售促使包装的保护、美化、自我推销的功能不断完善与改进。
● 产品分散零售的商业模式决定了包装的分量设计，以满足消费者的不同需求，开发家庭装、旅行装、促销装等定量包装。
● 所售商品以食品和日常生活用品为主，产品包装的信息设计需要更全面、更清晰和更准确。
● 同类产品在货架上的并置陈列，对包装的个性化和系列化设计提出更高的要求。

5.1.3　专卖店

专卖店（Exclusive Shop）是指专门经营或授权经营某一主要品牌产品的商店，从形式上又可分为连锁店、店中店、精品店、旗舰店和概念店等，是公司的品牌和产品形象得以集中展示的窗口。专卖店的雏形最早源于手工业者所开设的销售自己生产、制作的产品的店铺，随后出现了前店后厂式的自产自销的商铺形式，并以商号来体现产品及店铺的识别性。真正具有现代意义的专营店则出现在工业革命后期，工业化生产在丰富消费品市场的同时，也带来了商品营销的竞争。生产者开始寻求如何避开中间商，缩短生产者与消费者之间的距离，直接参与产品的销售，于是便形成了由生产商直接掌控的销售终端实体——专卖店（图 5-2）。

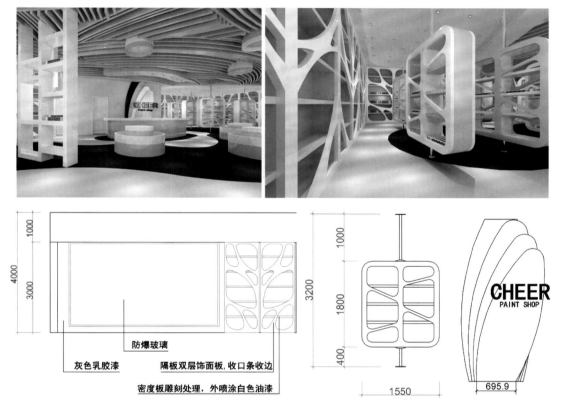

⊕ 图5-2　Cheer Paint 美术用品专卖店（2007届学生吴冬芹作品）

专卖店的空间构成与整体形象包装特点如下。

- 空间距离、陈列道具与产品包装形态之间需要设计合理、主题清晰，便于消费者将目光聚集到核心商品上。
- 品牌形象设计作为企业文化的代表，结合具体的商铺环境，以统一的视觉标准体现在店面、橱窗和产品包装中，充分传递品牌个性。
- 地域文化、艺术审美、消费体验等要素以人性化的方式融入于店内设计，这对国际品牌的本土化延伸显得尤为重要。

5.1.4　网络购物

网络购物最早出现于美国，当 1995 年网上书店亚马逊开业（Amazon.com），安全网络银行（First

Security Bank.net）实现网上支付功能，网络购物随即成为可能。这不仅改变了商家对传统销售模式的理解，也吸引着大量的消费者尝试新的购物体验。如今，网购商品已无可争议地成为大众流行的购物模式（图5-3）。

图5-3　Postel音乐CD零售网站（2006届学生邵芸作品）

在互动开放、无地域界限的虚拟网络零售市场中，作为传统实体包装的数字化延伸，网购商品的包装为了解决在展示、推广、选购、运输、使用、回收等各环节中的问题，还需具有以下的特点。

● 网购商品的包装不追求整齐规则、错落有致的货架陈列效果，更多的是从多个角度展示产品的形态，附加包装上详细的图文信息，供消费者选择。

● 消费者在网购过程中不直接接触商品，因此包装的自我推销功能会减弱，也由于商品需要借助物流到达消费者手中，所以包装的保护功能逐渐增强。

● 越来越多的自主品牌使网购商品的包装形式不断多样化，DIY包装、散货整装、精简包装、网络虚拟包装等个性化包装更容易受到消费者青睐。

本章主要探讨的是在传统商业展示空间中的包装陈列。

5.2　陈列空间的环境特点

5.2.1　空间环境

包装陈列的空间环境按照不同的功能可划分为陈列空间、销售空间，以及两种功能混合的空间类型，具体表现在购物中心公共空间的主题陈列、专卖店的橱窗设计以及超市的开放式货架展示。

● 主题陈列空间：结合某一特定事件、时间或节日，集中陈列展示应时适销的连带性商品，这种陈列方式顺应了普通顾客即时购买的心理，但也因为这类展示的时效性较强，推陈出新的速度也随之加快（图5-4）。

　　图5-4　家乐福红酒节店面装饰设计方案（2010届学生印兴安作品）

- 场景陈列空间：利用商品、饰物、道具和灯光，构成不同季节、不同生活空间、不同自然环境或是不同风格特点的场景陈列，塑造商品的品牌个性和品牌氛围。
- 货架陈列空间：位置是离地高度为 85cm ～ 125cm 之间的货架最容易吸引消费者注意，通常被称为"黄金货架"，此外，消费者在货架前的距离不同，其视野宽度也会有所不同，包装的尺寸、排序、堆叠或悬挂方式也都需因地制宜。

5.2.2　色彩环境

　　色彩是人在视觉感知中的第一要素，销售空间的色彩环境是指将这一空间内所有色彩有层次地搭配与组合，使消费者感知空间的大小、冷暖和个性，也是营造品牌感知的简单可行的方法之一。

- 色彩搭配：对比色搭配可以形成强烈的色彩对比，类似色搭配更易产生柔和与秩序的视觉感受。在实际的应用中，既可以是系列化产品包装的色彩搭配，也可以是产品包装和展示背景之间的色彩搭配。
- 色彩排序：上浅下深、左深右浅、前浅后深的明度渐变式排列，会带给人们宁静、和谐的美感，因此常常被用于侧挂、叠装的产品陈列；而不同明度、不同色相之间的间隔式排列，都可以表现商品陈列的韵律与节奏感，使销售空间充满变化。

● 图案色彩：商品包装和陈列的色彩还体现在图案的色彩设计上，色彩会随着图案的大小、形态、材质的变化而产生不同的视觉效果，因此，只有综合考虑色彩的图案、搭配和序列，才能打造出平衡的色彩效果。

5.2.3　光影环境

灯光是商品陈列与销售空间最有效的陈列工具之一，在现行的商业陈列设计中，灯光的应用已经由单一的照明功能走向了复合的美学层面，通过合理的灯光设计，不仅使销售空间结构紧凑、陈列有序，也为店内销售创造了更佳的购物环境（图5-5）。

↑ 图5-5　浦江开发规划馆展示区域设计（2005届学生刘磊专业实习作品）

● 全局照明：商品体积较小的空间一般采用大量的低照度射灯来获得较高的亮度，使空间感觉更大；大众型卖场空间则因为空间较大，较少采用射灯，而改用高照度的白炽灯与荧光灯做基础照明即可。

● 重点照明：重点照明的方法有助于突出品牌形象与当季主题产品的特殊效果，通常情况下，为陈列主体提供专用的光线，运用射灯的点光源提高光比，突出照射主体的层次感和造型感。

● 装饰照明：以各类特种灯来表现戏剧性的灯光效果，高显色钠灯或卤素灯适合凸显价格昂贵的高端产品的品牌定位，金属卤化物灯则更适合营造与自然环境有关的主题氛围，或是辅助重点照明形成商品陈列的空间层次。

5.3　包装陈列与视觉感知

5.3.1　陈列形态的视觉心理

1898 年由美国广告学家 E.S. 刘易斯率先提出了 AIDMA 法则，该法则认为当消费者进入商品销售环境，在面对和接触商品的那一刻会产生以下一系列的意识活动。

- Attention（引起注意）：著名的诺贝尔奖获得者赫伯特·西蒙曾提出"在信息泛滥的时代，有价值的不是信息，而是注意力"。那些处在商品陈列的突出位置、排列有序、色彩鲜明、形态独特的商品包装，才能成为顾客注意力的中心。

- Interesting（产生兴趣）：消费者的注意力通常会有选择地集中在最具吸引力的事物上，不同个性特征、文化背景、兴趣爱好的人会有不同的关注点，充分利用商品陈列所塑造的品牌故事，结合包装、广告和装饰灯因素，足以使消费者对商品的独特风格产生兴趣。

- Desire（培养欲望）：近距离地观察台面或柜体商品，包装的造型、材质、图案、文字、色彩与终端环境中各要素的相互作用，引发消费者的情感反应和购物欲望。

- Memory（形成记忆）：商品陈列着重突出的是商品自身和生活场景，形象生动的包装陈列和整体设计在传达商品的艺术风格、审美趣味和流行元素的同时，使品牌形象在消费者心中得以进一步增强，从而形成记忆模式。

- Action（促使行动）：消费行为学领域的多项研究论证，消费者容易受到销售环境的影响，商品陈列所营造的情境氛围，最终会促使消费者产生品牌认同和购买行为。

5.3.2　包装陈列的品牌传播

在任何一个销售空间，商品的陈列展示不再仅是销售产品本身，而是在向消费者传递品牌文化、讲述品牌故事，以及营造与宣传商品的品牌形象。David Aaker 在品牌形象的研究中指出消费者对于日用品的选择首先是着眼于产品的功能性，其次便是品牌的象征性，可见品牌已经成为现代视觉营销的关键要素。

要想在购物中心、专卖店、自选超市、网购商品等零售终端成功地开展品牌营销，我们就要做到：

- 设计符合企业精神和产品定位的视觉识别系统，独特、系统、完整的 VIS 体系是品牌易于传播的首要条件（图 5-6）。

- 品牌的视觉识别不仅应用于产品及包装，更体现在商品的仓储、陈列、销售、运输的每一处细节，甚至包括卖场服务。

- 品牌的视觉形象应始终配合产品主题，融入平面广告、包装设计、影视作品、网络社区、公关活动之中，使品牌形象在借助整合营销策略的同时得到统一和增强。

- 以购物中心或专卖店作为销售场地，品牌形象则可以通过商铺的环境设计加以诠释，店铺陈列的空间布局，以及音乐、色彩、气味、光线等所营造的感受，已经成为了视觉营销的发展趋势。

图5-6　LIVIAN 咖啡品牌标识及图像设计（2006届学生于菲作品）

5.4　包装陈列的基本原则与视觉表现

5.4.1　包装陈列的形式法则

包装陈列是一项创造性的空间视觉艺术，在零售终端的店面设计、橱窗展示、产品包装、陈列道具、灯光影音、广告宣传等方面集合所有设计要素，以便构成一个完整的视觉体系。

在这繁杂的设计过程中，我们除了追求独树一帜的创意表现，更需要遵循包装陈列所特有的形式法则。

1. 装陈列的安全性

超市里不能摆放由于包装破损或密封性能不佳而导致的食品保鲜度低劣、产品有划痕、器物掉落损坏、日用品的清洁度降低等不安全商品，包装的产品保护功能在开架式销售空间内必须得到保证。

2. 包装陈列的易识别性

商品包装的陈列一定要遵循消费者在展示空间内步行的购物习惯，除了陈列展示的高度和宽度以外，为使商品外包装更易识别，缩短消费者的选购时间，可以根据不同的产品类型（器材、日用品或服装等）、生产属地（国产或进口）、功能区域（季节性主题或过季促销活动区域等），以及将互相有关联的产品（可供组合搭配的运动器材、服饰和健康食品等）集中展示的方式进行产品的分类陈列。

3. 包装陈列的易购性

商品包装在悬挂、提携、搬运等结构设计的优劣，往往会给顾客带来满意或沮丧的购买体验。购买商品的时候，一般是先将商品拿到手中从所有的角度进行确认，然后再决定是否购买。若消费者在比较、选择所购商品时，所陈列的商品不易取、不易放回的话，也许就会仅因为这一原因而丧失了将商品销售出去的机会。

4. 包装陈列的经济原则

畅销商品或是利润较高的商品应陈列在视区最佳区域，即货架水平方向的中心视角 10°以内，或是垂直方向视平线以下 10°的黄金线位。其次，具有高度关联性的商品非常适合就近排列，以促成销售的联动效应。

5.4.2　包装陈列的视觉创意

包装陈列的终端环境主要是由商品、消费者、陈列器具三种要素构成，商品以符合消费者视觉感知的方式被摆放于货架、台面或柜体，借助店内销售的空间、色彩、光影环境加以烘托，以此吸引消费者的购买。可见，陈列终端的三要素是包装得以优化设计的基础。

1. 适合货架陈列的信息化包装设计

架上陈列的产品包装侧重于主要展示面的视觉设计，根据消费者的视距与视角、产品在货架上摆放位置的高低来考虑包装的顶面、正面或是侧面的信息设计。当消费者站立在货架前，直面的是处于货架中上部的产品包装的正向主视面，而在货架底部的产品包装，尤其是需要堆叠摆放的产品，其扁平状的顶部展示面设计就更为重要，如体量较大的面粉或是大米包装等。另一种架上陈列的包装形态是悬挂式包装，如打孔式、挂钩式和直接利用包装内产品的外露部分悬挂等，此时，包装结构的精准度、合理性、便利性往往会比视觉表现更重要，这类包装在节约空间的同时，也要方便消费者提取和归位。

系列化产品包装在台面陈列时效果更佳，多个同主题的产品在堆砌、重叠、组合时，产品包装展示面的相互关系会得到充分表现，如产品图像、色彩、广告文字等通过拼接的设计方法，在多个包装组合陈列时会呈现出完整的视觉形象。

专卖店的柜体陈列一般作为多件同类产品的存储空间，而自助超市的柜体则是陈列特殊需求的商品，如保鲜食品、冷冻制品、奶制品、饮料、药品或是贵重物品。产品包装与其他陈列形式一样，需要注意商品扁平式、堆叠式的摆放方式，商品包装顶面的图像文字信息和产品实物造型等都是占据消费者视线的最佳区域。

2. 满足消费者需求的分众化包装设计

分众化设计也可称为个性化设计，是在产品同质化增多、市场竞争日趋激烈的时代背景下发展的必然趋势。一方面，市场定位的细分有助于精准锁定目标人群，也有利于产品开发商将自身有限的资源集中起来进行专项设计，取得更好的经济效益；另一方面，激烈的同类产品竞争也使包装的个性化设计越来越难有吸人眼球的创新表现。

产品包装的分众化设计可以根据消费者自身的年龄、性别、文化程度、收入状况、个人喜好等进行定位，如中老年人会更倾向于方便开启、密封保存、价廉物美的商品包装，而青少年则喜欢个性鲜明、造型时尚、风格独特的包装设计。除此以外，现代社会多样化的家庭结构，也使包装的定量和个性化设计可以根据消费者的家庭背景、成员结构和需求进行分类，如适合祖孙同堂的大家庭的超大容量装，独生子女家庭的全家分享装，或是适合中低收入家庭的家庭促销装等。

3. 同类商品并置陈列的系列化包装设计

自选超市是同类产品并置陈列最为集中的销售终端，当消费者进入超市，扑面而来的是一排排的商品，消费者在充斥着密集的视觉信息的商品包装中反复识别与挑选。所谓并置陈列,是指不同品牌的同类商品之间"零距离"排列在货架上,虽然这种摆放形式是为了方便消费者有目标地比较和选择,但也同时造成了同类产品短兵相接的零售业态。

为了能在同类商品并置陈列中脱颖而出,可以强调商品包装的系列化设计,产品的生产商家将采用相同的图形标识、编排样式、风格特点的设计应用于同一品牌下的同类商品,形成统一、整体的视觉效果。与此同时,也可以借助陈列空间,将同类产品有序排列和堆叠,促使相同的视觉元素在三维空间里产生立体化的广告效应,这有利于加强企业多种产品的整体形象,也能使消费者在较远距离有效识别出该产品的品牌,强化消费者的品牌印象,形成先入为主的视觉效果,提升企业与产品的信誉和竞争能力,刺激商品销售和市场份额的增长。

第6章
包装的设计过程

　　任何包装的设计项目都是一项烦琐复杂的工程，从团队组建、主题确定、市场调查、结构设计、视觉信息、印刷出品到市场推广，需要多支专业团队的共同参与和相互配合（图6-1）。根据设计主题的不同特点，每位团队成员都扮演着不同的角色，承担着不同的任务，发挥着不同的作用，我们只有了解包装的设计流程和操作规范，才能开展真实有效的包装设计项目。

🔼 图6-1　开展包装设计项目的基本步骤

- 如何组建包装项目团队？如何合理调配人员分工？
- 项目开始初期该做怎样的市场调研？
- 市场调研的目的是什么？调研包含有哪些内容？可采用怎样的方法？
- 如何根据设计定位进行创意设计？
- 视觉设计稿如何转换为生产文件？
- 如何开展包装成品的生产及加工流程？

6.1　团队组建与成员分工

　　一项大型的包装设计任务通常会由多支专业团队的参与，而小型的设计项目或许只涉及设计师、客户和印刷商，但不论是哪种类型的设计项目，设计团队的合作关系都是为了提供出色的创意服务，并实现客户（产品生产商）设定的商业目标，如：诠释品牌理念、优化产品形象、加强成本控制以及解决其他市场竞争性问题。因此，包装设计师会与产品经理、市场开发人员、工业设计师、材料供应与生产商、摄影师、插画师、印刷技术人员等共同展开合作。

　　以下是与包装设计项目相关的主要团队成员及任务分配。

1. 项目主管

- 管理设计团队；
- 分配项目任务；

- 负责与其他部门的沟通与协作；
- 明确客户需求，制定设计项目的实施计划表；
- 确保项目进度和成果质量；
- 参与并决策包装的概念提案、构思方案及设计定稿；
- 协调包装设计的打印制作及成品交付。

2. 产品经理、品牌经理

- 组织设计项目的市场调研，准备产品的营销与推广计划；
- 分析汇总品牌调查、产品调查、消费者调查等各类市场调查数据；
- 提供对现有产品包装重新设计的改进意见；
- 为定位设计工作确定概念导向和风格导向；
- 参与产品包装设计提案和终稿的讨论和商定。

3. 包装工程师

- 负责产品包装的结构设计提案、定稿；
- 解决包装结构的人性化问题；
- 开发包装的结构模具；
- 选择适合的包装材料，明确加工生产工艺；
- 核算产品包装结构的基础成本。

4. 视觉传达设计师

- 负责产品包装的信息设计提案、定稿；
- 结合包装结构，开发具有创新性的信息设计方案；
- 制作产品包装的效果展示图，供客户选择；
- 根据与客户沟通的结果，修改设计方案；
- 与产品摄影师、插画设计师协调，提供包装图像的设计原稿；
- 制定色彩管理、印刷程序方案；
- 运用计算机辅助设计工具完成设计终稿；
- 校稿并交付印刷制造商。

5. 模具、印刷制造商

- 负责包装的模具制作与成品印刷；
- 采购指定原料（纸张、塑料、玻璃、薄膜和金属等），制定加工流程；
- 校对、审核相关电子文档；
- 确立印刷程序和质量标准，核算生产周期与成本；
- 完成成品制作，检测成品质量。

6.2　市场调研与研究报告

根据产品的特点，包装设计项目一般分为新产品的创新设计与老产品的重新设计两类，不同类型的产品会面临不同的市场情况，因此，市场调研是产品包装进行定位设计的前提，可以帮助我们了解同类或相关产品及包装的特征、市场竞争的格局、消费者对品牌产品的态度与需求、未来同类产品的发展方向等信息，由项目团队的专业人士参与讨论、总结归纳，才能得出设计项目的目标定位，并始终围绕着该目标有序、有效地开展后续工作。

如今的产品市场同质化现象比比皆是，消费者的消费心理与消费行为又变化多样，如何在纷繁复杂的消费品市场中找准目标产品的包装定位，使之在众多同类产品中脱颖而出，我们必须做好充足准备工作（图6-2）。

🔹 图6-2　"半日闲"小核桃包装的市场定位（2011届学生徐茜作品）

1. 市场调研的内容

● 该产品和品牌的背景信息；

● 该产品的包装、广告等视觉设计现状；

● 同类产品竞争对手的市场情况；

● 目标消费者的特征与需求；

● 该产品的销售环境；

● 相关的政策、规定。

2. 市场调研的方法

● 查阅各类相关书籍、杂志；

● 从网络中获取相关信息；

● 考察产品的销售场地；

● 针对目标消费者做（现场或网上）问卷调查；

● 研究同类产品的流行趋势。

3. 市场调研的结果分析

- 该产品的特征是否有所改变？
- 该产品的品牌优势是什么？
- 该产品如何进行重新定位设计？
- 该产品包装结构和材料是否需要改变？
- 该产品包装的视觉设计是否在同类产品中具有领先优势？

4. 市场研究报告的演示和交流

- 与同部门或其他相关人员做调查数据的演示与讨论；
- 能够归纳别人的不同意见，分析得出的调研结果将有助于目标产品的定位设计。

6.3 定位设计与初稿提案

产品包装项目的设计构思得益于精准的设计定位，它能为设计团队提供解决包装问题的方法。现代包装的定位设计是建立在市场调研的基础上，对产品、品牌、消费者、流通及销售渠道等因素进行全面了解与总结分析之后给予产品包装以明确的设计目标。因此，包装的设计定位通常需要包含三个部分的内容：产品定位、品牌定位与消费者定位。

- 产品定位：目标产品自身的特点决定了它的定位，而包装则需要更多地考虑在与产品定位一致的情况下如何体现它与其他产品的差别。
- 品牌定位：品牌作为企业或产品的视觉符号，它的可识别性是同质化产品竞争中最为重要的部分，我们该重点考虑如何设计品牌标识，如何结合包装设计凸显品牌符号。
- 消费者定位：消费者的地域习俗、生理特点、社会阶层与消费心理等因素决定了产品包装要根据他们的需求来进行设计，才能使产品适销对路。

由此可见，设计定位为创意构思提供了设计的方向与方法，设计构思则与设计定位紧密相连，在协调产品、品牌、消费者三者关系的基础上，共同解决包装的设计表现问题。

1. 设定定位的确立

- 目标消费者的风格、个性；
- 与产品形象相符合的各类色彩、图像（图6-3）；
- 适合产品包装的结构与材料。

2. 设计创意的构思

- 开发产品的品牌标示；
- 突出产品的新理念与独特性；
- 制作包装结构设计展开图（图6-4）；
- 勾画视觉信息设计草图；
- 明确包装及品牌用色；

图6-3 "中医世家"品牌识别设计（2010届学生胡思恩作品）

● 寻找适合产品包装的图像风格；

● 尝试多种字体及排列方式；

● 制作产品包装的三维模型图，供团队内部讨论。

3. 设计初稿的交流

● 团队内部进行方案讨论，各方提出修改意见；

● 根据讨论结果，初步确定 2 ～ 3 套设计方案备选。

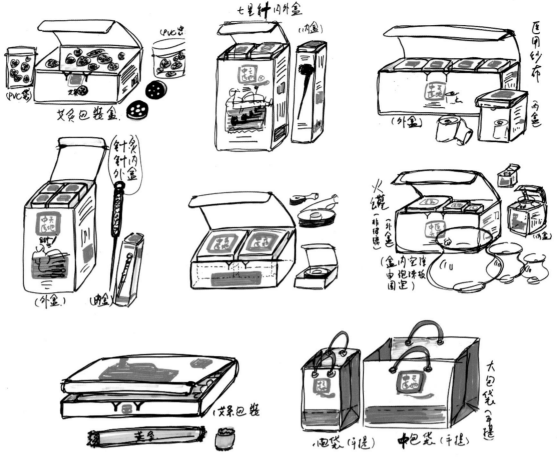

🔼 图6-4　"中医世家"医疗器材的包装草图开发（2010届学生胡思恩作品）
（产品内容：火罐、金针、七星针、艾灸条、膏药带、医用纱布、包装袋等）

6.4　设计发展与修改定稿

　　成功的包装设计方案往往需要反复论证、修改与调色，团队内部的讨论必不可少，而专业人士的意见则能促进设计初稿的改进与完善，除此以外，充分听取客户的意见对最终的项目验收也起到了决定性作用。虽然不少设计师常会抱怨客户的审美品位，但不可否认的是，企业高层长年从事产品行业的工作，他们对自己的产品往往会比刚接手设计项目的团队更有心得，对产品包装最终的市场效果也有更准确的预估，因此，项目经理与产品经理的沟通必须畅通和有效，才能使最终的成品符合客户的要求。

1. 设计方案的修改

● 调整适合产品包装的色彩；

● 明确图形或图像表达形式，商业照片拍摄或是图像绘制；

● 确定文字及编排样式，补充产品的必要文字信息；

● 以单个产品包装为原型，同步开发系列化其他产品包装的设计方案。

2. 设计方案的讨论

● 结构和材料设计能充分考虑环保因素；

- 视觉设计能提高画面的层次感；
- 单件产品包装的设计样式；
- 系列产品包装的其他设计方案。

3. 设计方案的定稿

- 产品包装的其他信息的添加（如：可回收标识、条形码、各类技术参数等）；
- 设计方案的平面数字化文档制作；
- 制作包装结构小样（盒型、瓶型或罐型等）；
- 设计终稿的数码输出（激光彩色数码打印或喷墨彩色数码打印）（图 6-5）。

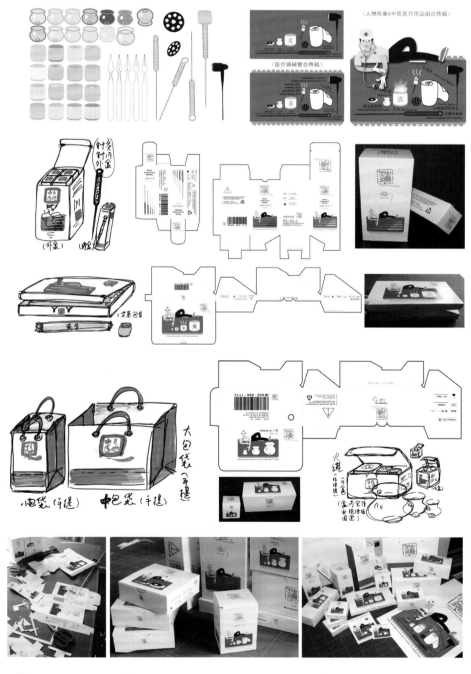

⬆ 图6-5　"中医世家"医疗器材包装的定稿及成品制作（2010届学生胡思恩作品）

6.5　生产前准备与成品加工

　　包装设计的印刷及加工是包装成品出厂前的最后工作，也是技术含量较高的环节。为了完成成品制作，整个生产过程可分为印前、印中、印后三个阶段。印前包括电子稿的制作与定稿，印中的电子分色、制版、拼版、打样及上机印刷，印后则需要模切压痕、烫印、上光、覆膜、裱糊和手工加工，每道工序都与最终的视觉效果和成品质量密切相关。

6.5.1　电子设计稿的制作

● 确定包装的形式和结构，在手绘图稿的基础上用 SolidWorks 或 3Dmax 软件做三维建模。

● 参考包装设计的结构图库，通过使用 AutoCAD 或 PackCAD 等软件，重新定义结构体的具体尺寸，完成结构图纸的设计（图 6-6）。

选择盒型并制成三维模型

小型手绘草图

最终效果图

　　🔂 图6-6　奶盒包装设计的草图制作（图像资料由上海界龙彩印公司提供）

● 制作初稿实样，以验证结构设计的合理性。

● 运用 Illustrator、Photoshop 分别对产品图片、Logo、生产厂商及包装说明（文字、图示）、质量认证标志、环保标志等设计元素进行深入处理。

● 按照最终印刷稿外加出血后的方式制作刀版线。

6.5.2　设计稿的印前打样

- 调整电子稿的印刷色彩模式：CMKY 模式。
- 建立转色图层：刀版线、压痕线、专色、上光、烫印等都需放置在单独图层内。
- 文字转曲线：请注意字间或行间是否有跳行或互相重叠现象。
- 建立标准颜色图层：将专色的信息用文字标注在此图层内。
- 底纹或底图颜色透明度不低于 10%：以避免印刷纹或底图颜色无法呈现。
- 版面裁切边缘做大于 3mm 出血线：避免裁切时被切到图像或色块（图 6-7）。

6.5.3　包装成品的后期印制

1. 电子分色制版

　　包装的彩色设计稿包含了上千万种色彩，但在印刷时则采用四色印刷的方法，因此，首先要做的是颜色分解。目前，我们常用的是电子分色技术，该技术是通过光电扫描对设计原稿进行逐点扫描，并由光学系统将反射光点处理转换成电信号，根据电信号的强弱不同分别在感光片上曝光，从而形成供青（C）、品红（M）、黄（Y）、黑（K）的分色片，即四色色版，也是我们通常所说的出菲林，以供后期印刷时做颜色合成。

2. CTP 制版输出

　　计算机直接制版 CTP（Computer-to-Plate）也是现代包装印刷常用的制版技术。该系统可以省略制作软片、晒版等中间工序，直接将印前处理好的包装版面信息输送至计算机的 RIP 中，再由 RIP 把电子文档发送至制版机，在光敏或热敏的板材上成像，经冲洗后得到印版，并通过计算机拼版系统，按印刷机尺寸的要求做整页拼版。

3. 数码打样

　　在结束之前的工作，进行正式印刷之前做少量的试印，目的是为了确认印刷生产过程中的设置、处理和操作是否正确，是否能为客户提供符合视觉效果和印刷质量的成品。打印技术包括打印机打印、色粉简易打印和数码打印，其中数码打样是 20 世纪 90 年代初期兴起的打样方法，与前两者不同的是，它既不需要分色网点胶片，也不需要印版，而是借助计算机直接将此前生成的数字彩色图像（数字胶片）转换成彩色样张。

4. 上机印刷

　　样品被客户确认后，包装成品便进入了批量印刷的过程。目前世界上最普遍的四大印刷方式，分别是柔性版印刷、胶版印刷、凹版印刷和丝网印刷，其中，柔版印刷发展最为迅速，它采用了新型的水性和溶剂型油墨，无毒无污染，特别适合食品包装材料的印制，此外，它使用了卷筒型材料，印刷费、耗墨量、耗电量、废品率等都远低于凹版印刷和胶版印刷，极大地降低了生产成本，因此，在欧美等发达国家约有 70% 的包装材料都采用柔版印刷技术。

5. 加工成型

　　印刷后的包装成品在出厂之前还需要经过后期加工，主要分为包装装潢加工和包装成型加工两类。包装装

图6-7 奶盒包装设计制造图（图像资料由上海界龙彩印公司提供）

潢加工包括：烫印、上光、覆膜和模切等处理，旨在增加包装成品的视觉效果，而包装成型加工则是通过模切、压痕、裱糊、分切和手工加工等方法使包装最终成型。最后，检验合格的成品才能交付客户，进入产品市场（图 6-8）。

● 设计稿　　● 照相与电子分色　　● 拼版（晒PS版）　　● 制版（出菲林）　　● 打样（激光数码打样机）　　● 印刷　　● 后期加工成型（模切间）

⬆ 图6-8　包装成品的生产流程（图像资料由上海界龙彩印公司提供）

第 7 章
包装设计的可持续发展与行业规范

　　1987 年世界环境与发展委员会在《本文共同的未来》报告中首次阐述了可持续发展的概念，即：人类未来的可持续发展是实现经济、社会、资源和环境的协调并进，这引发了人们对保护生态环境的日益重视，绿色设计（Green Design）随之成为国际设计的热潮，并在各大生产领域得以应用与实践。

　　我们将在这里探讨生态包装的设计理念与方法，了解包装设计可持续发展的意义，以及各国为帮助包装行业的健康发展所做的努力，以此帮助我们对未来的包装设计有更清晰的认识。

- 什么样的包装能符合可持续发展的设计目标？
- 如何诠释生态设计的 3R1D 原则？
- 包装在绿色设计过程中会涉及哪些方面？
- 环保包装有哪些具体的设计策略？
- 国内外制定了哪些与生态包装相关的法律法规？

7.1　可持续发展的包装设计理念

7.1.1　生态包装的含义

　　生态设计最早可追溯到 20 世纪 60 年代，美国设计理论家 Victor Papanek 在其著作《为真实世界而设计》（*Design for the real world*）一书中提到"设计应该认真考虑有限的地球资源的使用，为保护地球的环境服务"。随后，设计师 Sim Vander Ry 和 Stuart Cown（1996）对生态设计（Ecological Design）也做出了基本界定：任何与生态过程相协调，尽量使其对环境的破坏影响达到最小的设计形式都称为生态设计。

　　随着大气环境的恶化与资源的过度损耗，如何保护好人类赖以生存的自然环境，使社会得以可持续的发展已经引起我们的重视。在生产领域，我们开始倡导生态设计、绿色设计、可再生设计等设计理念，旨在将环境因素纳入设计与生产的流程中，采用减量化、再利用和再循环等设计方法，减少产品在整个生命周期内对环境的影响，最终使包装形成可持续发展的产业形态。

　　生态化的包装设计自上世纪以来，至今仍没有统一和权威的定义，但学者们普遍认为生态包装是指能够满足用户使用要求，同时不危及人体健康和生态环境，消费后能循环复用、再生利用或容易处置的包装设计理念，其中蕴含了如何节约包装材料、倡导包装重复使用、改善包装废弃物的再回收等热点问题。可见，包装的可持续设计将不再仅限于设计的表象，未来将从包装的核心理念出发，引导人们建立绿色消费的观念与习惯，有效促进生态包装工业的健康发展。

7.1.2 可持续发展的包装设计原则

我们已经理解了生态包装与普通包装的区别主要在于不仅仅满足消费者的需求，更需要充分考虑环境因素。因此，随着生态包装的不断发展，相关领域的研究者在原先 3R 原则的基础上，延伸扩展出 3R1D 学说，即 Reduce（减量化）、Reuse（再利用）、Recycle（再循环）和 Degradable（可降解），其中覆盖了包装从创意构思、生产制造、商品流通、消费使用和废弃后再处理的产品整个生命周期。

1996 年德国颁布《循环经济与废物管理法》，其中着重指出对待废物问题的优先顺序为避免产生（减量化）、反复利用（再利用）和最终处置（再循环），后被建筑、产品、城市等设计领域采纳并应用于具体的实践项目，逐渐归纳形成了绿色设计的 3R 原则。生态包装的兴起使得可持续设计再一次成为人们关注的焦点，结合包装自身的特点，增加了 1D 原则，即可降解原则。

- Reduce 原则：包装材料的减量化设计，即包装在满足容纳、保护、方便、传达等功能的条件下，尽可能减少材料使用的总量，反对过分包装。
- Reuse 原则：包装的可重复使用设计，既节约材料资源与能源，又避免包装废弃物给环境造成污染，以及废弃物处理所带来的麻烦。
- Recycle 原则：包装的可回收再利用，即废弃的包装物质或能量通过生产再生制品、焚烧回收热量、堆肥改善土壤等方式，达到再利用的目的。
- Degradable 原则：包装的可降解腐化，避免形成污染环境的永久垃圾，符合"取之于自然，回归于自然"的生态循环规律。

如图 7-1 所示为牛奶包装盒的回收过程。

材料的清洗　　　　　材料的展开　　　　　材料的晾晒　　　　　材料的回收利用

图7-1　牛奶包装盒的回收过程

7.2 包装的生态化设计策略

7.2.1 节能型的包装结构设计

节能型的包装结构设计首先要具有良好的拆卸性能，所谓可拆卸包装是指商品取出后包装物结构易拆卸的设计，它能缩短产品包装回收处理的周期，降低回收利用的成本，提高产品包装的回收利用率，因此被认为是生态包装节能环保的首要前提。

为了便于包装的结构拆分与分拣回收，我们需要遵循节能简约的设计原则。

● 选材尽量采用单一化的包装材料，任何添加金属、塑料或是具有装饰效果的包装配件，都会使包装层次更为复杂，给回收利用造成不必要的难度。

● 结构形态尽量采用标准化的盒型，标准盒型比异型盒型、标准折叠型纸盒比标准粘贴型的纸盒、标准管式纸盒比标准盘式纸盒都更容易拆卸，我们在追求个性化设计风格的同时，更需考虑分拣与回收的便利性。

● 组合包装尽量采用利于拆卸的结构连接方式，瓦楞纸箱常用的金属钉需要使用工具才能拆卸，额外增加了回收成本，因此如能将具有环保功能的黏合剂取而代之或是利用一次成型的结构制造工艺，则能减少拆卸过程的工作量。

如图7-2所示，一款名为"PUMA聪明小提包"凭借其不同于传统鞋盒包装的纸板折盒，无须印刷的精简设计，更为环保的创意理念，获得了2011年Dieline最佳表现奖。

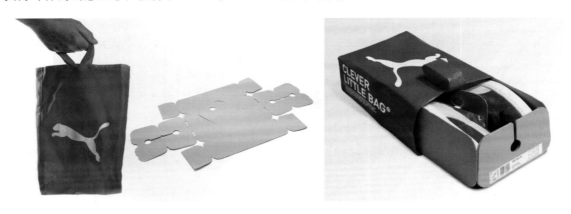

⊕ 图7-2　2011年Dieline最佳表现奖"PUMA聪明小提包"

7.2.2 生态材料的创新与使用

生态材料是指消耗资源和能源较少、不易对生态环境造成影响、可再利用或降解使用，并兼具卓越的使用性能的包装材料。与传统包装材质相比，生态材料更能体现包装设计与资源、能量和环境之间和谐的平衡关系。

近年来，可降解材料、可食用材料、可重复使用材料、纳米材料等生态材料不断得以创新开发，并广泛应用于食品、药品、危险用品等产品包装。

● 可降解材料是指在结束使用寿命后，通过阳光中紫外线作用或是大气、土壤及水中的微生物作用，能在自然环境中分裂、降解和还原，并以无毒形式重新进入生态环境的包装材料。例如，目前日本住友商事公司、美国 Wamer-Lamber 公司、意大利 Ferrizz 公司等纷纷表示已研究成功含淀粉量在 90% ～

100% 的全淀粉塑料，在一个月至一年的时间内能完全生物降解而不留任何痕迹，可用于制造各种包装容器、瓶罐、薄膜等。

● 可食用材料是以淀粉、蛋白质、植物纤维等天然原料，利用分子间的相互作用而形成具有多孔网络结构的包装薄膜，可以被人直接食用并在人体内自然吸收，多用于食品和药品包装。巴西名为 Bob's 的快餐品牌近期开展了一次宣传活动，使用可食用材料包装汉堡，消费者可以不用打开包装，直接抹上番茄酱就可以连同包装一起食用，包装纸也因此不再成为垃圾。

● 可重复使用材料受到许多国家的重视，瑞典等国开发出一种灭菌洗涤术，使 PET 饮料瓶和 PE 奶瓶的重复使用达 20 次以上，更多的企业则致力于可重复使用材料的开发，如 Christopher Ranch 食品公司舍弃了原先的塑料包装罐，设计了一款可重复密封塑料袋用于大蒜产品的包装。新款塑料袋的密封性优于老罐，重量也比老罐更轻，因此不但节省了 80% 的材料消耗，也减少运输过程中 20 万磅碳排放量。

7.2.3　可延展的包装功能

包装废弃物所造成的资源浪费与环境污染正日趋严重，如何使包装不再沦为废弃物或是成为"一次性"的消费品，现有以下的设计方法可以有效地解决包装功能延续的问题，使包装在首次使用后仍然具有其经济价值。

● 产品与包装融为一体的"零包装"。食品包装所采用的可食性材料，可连同产品一同食有，除此以外，包装与产品设计相结合能够实现销售环节中的零包装，在某些家居用品或日用品的设计中，包装已经成为产品不可缺少的一部分。如 Tom Ballhatchet 设计的一款电视机包装箱，在取出电视机后，根据提示信息可直接将包装箱重新组合成电视机柜，用于摆放电视机（图7-3）。

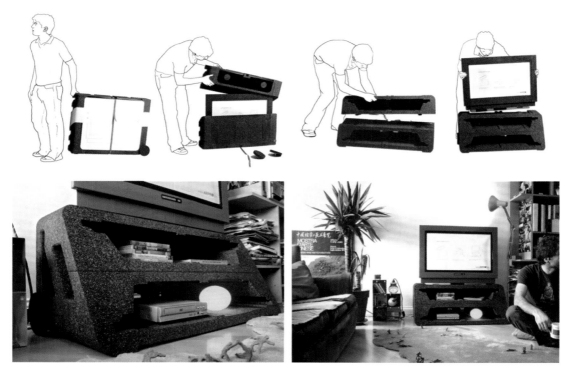

⊕ 图7-3　电视机包装箱设计

● 包装废弃再利用的多功能设计。所谓的多功能包装，是指当产品包装被打开和使用之后，仍然能够依靠其原有结构或材料的特性，成为另一款可供使用的产品。如欧美国家曾把废弃的唱片设计成为果盘等形状的包装容器，用回收的包装盒瓦楞纸板设计成生活中形态各异的坐椅，2008 年微星科技公司推出电子产品的同时，坚持以"重复使用"、"环保油墨"作为产品外包装的设计理念，通过外包装上的演示图像，告知消费者如何将废弃的纸盒包装制作成实用的办公文具（图7-4）。这些独具创意的设计赋予了包装废弃物以新的用途与生命，使之重新回到消费者当中。这种创意性的思维可以充分体现包装设计的增值效应，而并不与包装的美观性、功能性、方便性的设计原则发生冲突，因此，值得我们推广与应用。

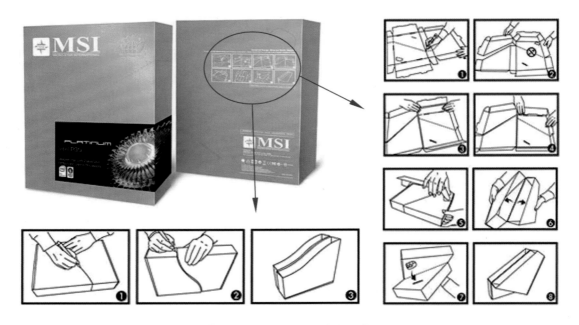

⬆ 图7-4 MSI主机板外盒设计

7.2.4 视觉信息的简约设计

简约主义由来已久，自 20 世纪现代主义建筑大师米斯·凡德洛的名言："Less is more（少就是多）"，至 20 世纪 90 年代的"Back to basics（回归本源）"都在向人们阐述简约主义的生活方式与设计风格。包装的简约设计不仅仅体现在包装结构与形态的简化上，更是在视觉设计上摒弃复杂的视觉元素，尽可能用极少的装饰语言来传递更多的包装信息，这背后凝聚着设计师对现代简约生活的深刻思考。

视觉信息设计作为简约主义包装的外部表现，其中包括了图像、色彩、文字等视觉元素，以及元素之间的编排方式。

● 用真实的图像传递产品的信息。包装的图像设计不能为了一味追求美观，而将其他与产品不相干的画面进行堆砌，或是采用不符合产品形象，过于夸张的精美图像欺骗受众的感官认知。包装图像的设计应在尽量减少视觉元素的前提下，在内容选取和表现形式上做到更真实、准确与直观，以确保让受众感受到图像与内容物的一致性。

● 用简单的配色方案降低回收成本。包装色彩是吸引受众注意力的最重要的视觉要素，适度的颜色设计会起到良好的视觉效果，而过于烦琐的颜色搭配则容易陷入过度包装的误区。简约主义的包装偏好于单纯的色彩和简单的搭配，德国为简化制版印刷工艺，常采用黄品青三色套印，在包装回收时也仅需用化学药剂去除这三种印刷色，过于复杂的色彩印刷无疑会增加回收过程中的成本。

- 用平实清晰的字体风格增加信息的易读性。受众更青睐于简单平实、结构清晰、字体简洁的包装字体，一方面这样的文字所传递的信息更为明确，受众更易阅读与理解；另一方面平实的字体风格能使受众把更多的注意力集中到对产品自身的特质的了解上，从而避免被花里胡哨的外包装所干扰。
- 用统一和谐的图文编排提升包装的识别性。视觉语言的编排秩序能极大地影响受众获取信息的难易度。主次分明的信息内容、具有逻辑性的信息流程、整体统一的信息表现等都会增强受众对包装视觉语言的理解能力。由田中一光、小池一子、杉本贵志等日本设计师共同创建的"无印良品（Muji）"品牌，推出了一系列极简主义风格的产品包装（图7-5），没有热闹的图案与色彩装饰，只凭借简洁清晰的文字编排表达包装与品牌的朴素自然，传递无印良品优质上乘的产品质感。

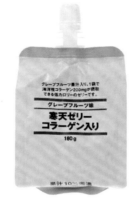

🔼 图7-5　"无印良品"包装的极简主义设计

7.3　国内外相关法律法规

包装的环保设计在倡导绿色包装的设计理念的同时，在全球范围内呼吁政府和相关行业对未来可持续发展的重视。20 世纪后期，自绿色设计成为国际设计的热潮之后，直至 20 世纪 70 年代，德国率先在产品包装上使用了"环境标志"，加拿大、日本、美国、澳大利亚、芬兰、法国、瑞士等国家也纷纷效仿，不仅如此，更多的西方国家则是通过立法来规范与包装相关的各项活动。

- 丹麦：1981 年制定法规要求各类饮品（啤酒与非酒精饮料等）需采用可降解的包装材料，禁止使用金属饮料罐。
- 德国：1991 年 6 月颁布《德国包装法令》，要求商品生产者在包装容器与包装物上贴有绿色标志，并与经销者一起负责回收包装垃圾，这促使企业在包装容器的设计及材料的选择方面尽可能使之简单便利。
- 奥地利：1992 年通过《包装法规》，并于 1994 年又推出了《包装法律草案》，要求生产者与销售者免费接受和回收运输包装、二手包装和销售包装，并要求对 80% 回收的包装资源进行再循环处理和再生利用，从而使每年的包装废物量大大减少。
- 法国：1993 年制定《包装法规》，同样要求减少以填埋方式处理家用废弃物的数量，由公司和零售商进行回收处理。与此同时，法国的生产商和进口商成立了一个"生态包装有限公司"，作为家用销售包装废弃物中心回收系统。

● 比利时：1993 年 7 月通过《国家生态法》，1995 年 7 月正式生效，并相继制定了"生态税"，规定凡用纸包装食品和重复使用的包装可以免税，其他材料的包装均要交税，从而刺激了生态包装的大范围使用。

● 英国：1996 年 5 月制定《包装废弃物条例》。在全国推广包装废弃物收集与再利用处理系统，约有80% 的居民积极参与。

● 美国：1988 年、1993 年，北卡罗来纳州和加州分别制定了法律法规，明确了食品包装材料的可回收率，严格控制硬塑料容器的生产。1995 年康涅狄格州 H.B 51917 项建议更是规定消费品包装方面禁止使用不能回收材料。纽约 A.B 1839 项建议也同样禁止销售和使用聚苯乙烯发泡塑料制作的包装材料。

● 日本：近年来，相继制定了《容器包装法》、《家用电器循环法》、《再生资源利用促进法》等系列法律法规，旨在要求供应商和包装商紧密合作，在确保包装原料或容器不危害人体健康的同时，应尽量节省能源与资源，开发废弃后能够降解的包装材料，尽量缩减包装容积，甚至采用零包装。

● 澳大利亚：昆士兰州于 1994 年的 5 月颁布了"废弃物管理战略（草案）"，强调再生材料市场的发展，为居民创造良好的生态环境。同时，也明确了不论是企业还是消费者，都应对废弃物的处理负责，约有 60% 的居民参与了废弃物的回收系统工程。

如图 7-6 所示，1995 年成立的美国 eBay 公司，是全球知名的线上拍卖和购物网站。自 2012 年 10 月起公司决定放弃原先的运输包装，开始推行可重复使用的包装盒，通过对包装盒的改进设计，采用 100% 可回收的纸质材料，水性油墨的纸品印刷，鼓励消费者在收到货品之后，将包装盒继续用于其他用途。eBay 表示"如

🔼 图7-6　The eBay Box（San Francisco-based Office 设计出品）

果每一个包装盒能重复使用 5 次，那么我们的包装盒改进项目可以保护近 4000 棵树木，节省近 2400 百万加仑的水，以及 49 户家庭一年的电力能源"。可见，eBay 的环保设计不仅局限于包装盒本身，更是在倡导更为健康的生活理念。

中国目前已颁布和实施的国家包装标准约有 500 多项，涉及国家及地方的资源回收、食品安全、不正当竞争、药品管理、产品质量、进出口贸易等相关法律，但仍缺乏完整的包装法律和行业法规，中国有关部门与包装行业也正在研究如何通过法律来指导包装工业的未来发展，这对规范商品包装的生产流通、资源与环境保护、维护消费者权益、促进可持续发展、增强国际市场的竞争力等都有着重要的推动作用。

- 1990 年 11 月《食品包装用原纸卫生管理办法》规定食品包装用原纸必须有符合卫生要求的外包装，严禁采用社会回收废纸作为原料，不得使用工业级石蜡，油墨颜料不得印刷在接触食品面，禁止添加荧光增白剂等有害助剂等。

- 1993 年 9 月《中华人民共和国反不正当竞争法》指出经营者不得擅自使用知名商品特有的名称、包装、装潢，或者使用与知名商品近似的名称、包装、装潢，造成和他人的知名商品相混淆，使购买者误认为是该知名商品。

- 1995 年 10 月《中华人民共和国食品卫生法》对食品容器、材料使用与包装标识等做了详细规定：直接入口的食品应当有小包装或使用无毒、清洁的包装材料；定型包装食品和食品添加剂，必须有产品说明书或者商品标志，根据不同产品分别按规定标出品名、产地、厂名、生产日期、批号、规格、主要成分、保存期限、食用方法等；进口的食品、食品容器、食品包装标识必须清楚且容易辨识，在国内市场销售的食品，必须有中文标识。

- 1999 年 1 月《包装资源回收利用暂行管理办法》与国标 GB/T 16716—1996《包装废弃物的处理与利用通则》一并实施。首次明确了包装的分类，并规定各类包装材料（纸、木、塑料、金属、玻璃）的回收渠道、分级原则、储存和运输、复用办法、检验原则、废弃物的处理与奖惩等具体内容。

- 2000 年 10 月《药品包装用材料、容器管理办法》将药品包装材料分为 I、II、III 类，并规定药品包装材料须经药品监督管理部门注册并获得《药包材注册证书》后方可生产。2001 年 12 月《中华人民共和国药品管理法》对药品包装、容器选用、印刷说明等做出规范：直接接触药品的包装材料和容器，必须符合药用要求，符合保障人体健康、安全的标准，并由药品监督管理部门在审批药品时一并审批；具有效期的药品必须在包装上注明药品的品名、规格、生产企业、批准文号、产品批号、主要成分、适应证、用法、用量、禁用、不良反应和注意事项；麻醉药品、精神药品、医疗用毒性药品、放射性药品、外用药品和非处方药的标签，必须印有规定的标志。

- 2000 年 9 月《中华人民共和国产品质量法》要求产品及其包装标识必须真实。对易碎、易燃、易爆、有毒、有腐蚀性、有放射性等危险物品以及储运中不能倒置和其他有特殊要求的产品，其包装质量必须符合相应要求，依照国家有关规定做出警示标志或者中文警示说明，标明储运注意事项。

- 2001 年 4 月《定量包装商品生产企业计量保证能力评价规定》对定量商品的包装提出了具体要求：必须在商品包装上明确标注定量包装商品的净含量，用于包装定量包装商品的材料应能防止商品在包装（分装）和运输过程中的渗漏和破损。

- 2002 年 11 月《危险化学品包装物、容器定点生产管理办法》规定危险化学品包装物、容器必须由取得定点证书的专业生产企业定点生产，已确保危险化学品的运输与使用。

- 2003 年 1 月《中华人民共和国清洁生产促进法》要求商品包装的生产企业对产品进行合理包装，

减少包装材料的过度使用和包装废物的产生；产品和包装物的设计，应当考虑其在生命周期中对人类健康和环境的影响，优先选择无毒、无害、易于降解或者便于回收利用的方案；生产、销售被列入强制回收目录的产品和包装物的企业，必须在产品报废和包装物使用后对该产品和包装物进行回收。

- 2006 年 8 月《进出口食品包装容器、包装材料实施检验监管工作管理规定》提出生产出口食品包装的生产原料（包括助剂等）及产品的企业，不得使用不符合安全卫生要求或有毒有害材料生产与食品直接接触的包装产品；进口食品包装的安全、卫生检验检疫等工作将由收货人报检时申报的目的地检验检疫机构检验和监管，合格后方可用于包装、盛放食品。

参 考 文 献

[1] [法] 帕帖尔. 水包装——设计创新之源 [M]. 李慧娟译. 上海：上海人民美术出版社, 2007.

[2] Tony Seddon. Demo Graphics Packaging[M].Singapore:Midas Printing International Ltd.,2007.

[3] [美] 克里姆切克, [美] 科拉索维克. 包装设计：品牌的塑造——从概念构思到货架展示 [M]. 李慧娟译. 上海：上海人民
美术出版社, 2008.

[4] [俄] 维克多·帕帕奈克. 为真实的世界设计 [M]. 周博译. 北京：中信出版社, 2012.

[5] [美] 菲利普·科特勒. 营销管理 [M]. 梅清豪译. 上海：上海人民出版社, 1999.

[6] [美] 艾米莉·斯鲁贝. 波茨. 品牌设计 [M]. 彭燕译. 上海：上海人民美术出版, 2001.

[7] [美] 凯瑟琳·菲谢尔, [美] 斯泰茜·金·戈登. 包装设计案例分析 [M]. 钟晓楠译. 北京：中国青年出版社, 2008.

[8] 国家标准化管理委员会. 中华人民共和国国家标准目录及信息总汇 [M]. 北京：中国标准出版社, 2009.

[9] George L.Wybenga,Laszlo Roth.The Packaging Designer's Book Of Patterns[M]. 上海：上海人民美术出版社, 2006.

[10] Dhairya.Package And P.O.P.Stuctures[M].England:Ichibaan Books press,2007.

[11] 周界, 白木. 塑料包装应用及技术的发展 [J]. 现代塑料加工应用, 2002（6）.

[12] 陈黎敏. 食品包装技术与应用 [M]. 北京：化学工业出版社, 2002.

[13] 熊雪峰, 高梦祥等. 绿色包装材料的开发现状与展望 [J]. 陕西农业科学, 2000（2）.

[14] 陈国琴, 任顺妹, 林代代. 国际包装 [M]. 北京：对外经济贸易大学出版社, 1994.

[15] [美] 维克多·帕帕奈克. 为真实的世界设计 [M]. 周博译. 北京：中信出版社, 2013.

[16] Sim Van der Ryn,Stuart Cowna.Eeological design[M].Washington D.C.:Island Press, 1996.

[17] 苟进胜, 吕倩. 国外过度包装相关法律法规 [J]. 中国包装工业, 2008（3）.

[18] Dieline Package Design Awards.http://www.thedieline.com.

[19] 中国包装设计网 .http://idea.pkg.cn/00009/9748.htm.

[20] 中国包装网 .http://news.pack.cn/zcfg/zcfg/2006-12/2006122915265782.shtml.